21世纪高等学校数字媒体艺术专业规划教材

Maya角色动画制作教程

何凡　姜宇东 / 编著

U0215126

清华大学出版社

北京

内 容 简 介

本书是专门针对高等院校动画专业中"三维角色动画制作"课程而编写的专业课教程。动画的核心是针对动体的制作,而角色动画又是动体制作中的重点与难点。本书从 Maya 角色动画的基础讲起,结合实战,系统地讲解 Maya 角色动画制作理论、制作过程与制作技巧。完整的角色动画制作应该包括:角色建模、表情动画制作、材质与贴图制作、骨骼绑定、蒙皮权重处理、非线性动作制作、镜头输出。有高级要求的角色动画还要进行肌肉的添加制作,因此涉及的内容很多。然而,一部好的教程应该内容简洁、重点突出、通俗易懂,并且能够举一反三。因此,本着这样一种理念,本教程从角色骨骼绑定之后的操作开始讲起,重点放在角色的动作制作与编辑上。而对于动作制作之前的准备及辅助性工作则放到其他教程的内容当中。角色动画不仅是软件制作的问题,而且涉及表演学、动画运动规律等理论知识的应用。三维角色动画高效率的制作还需要有先进的制作流程以及动作库素材的配合。因此,本书在介绍角色动画制作的同时还对其制作流程以及相关素材资源化管理等问题进行讲解,以便使读者全面、系统地掌握角色动画制作的知识与技术。

图书在版编目(CIP)数据

Maya 角色动画制作教程/何凡,姜宇东编著. —北京:清华大学出版社,2018(2022.2重印)
(21 世纪高等学校数字媒体专业规划教材)
ISBN 978-7-302-49206-1

Ⅰ. ①M… Ⅱ. ①何… ②姜… Ⅲ. ①三维动画软件—高等学校—教材 Ⅳ. ①TP391.414

中国版本图书馆 CIP 数据核字(2017)第 331725 号

责任编辑:贾　斌　薛　阳
封面设计:刘　键
责任校对:李建庄
责任印制:沈　露

出版发行:清华大学出版社
　　　　　网　　　址:http://www.tup.com.cn,http://www.wqbook.com
　　　　　地　　　址:北京清华大学学研大厦 A 座　　　　　邮　　编:100084
　　　　　社 总 机:010-62770175　　　　　　　　　　　　邮　　购:010-83470235
　　　　　投稿与读者服务:010-62776969,c-service@tup.tsinghua.edu.cn
　　　　　质量反馈:010-62772015,zhiliang@tup.tsinghua.edu.cn
　　　　　课件下载:http://www.tup.com.cn,010-83470236
印 装 者:三河市君旺印务有限公司
经　　销:全国新华书店
开　　本:185mm×260mm　　　印　　张:10.5　　　　　字　　数:252 千字
版　　次:2018 年 9 月第 1 版　　　　　　　　　　　　印　　次:2022 年 2 月第 6 次印刷
印　　数:5101~6600
定　　价:49.00 元

产品编号:072907-01

◀◀ 出版说明

　　数字媒体专业作为一个朝阳专业,其当前和未来快速发展的主要原因是数字媒体产业对人才的需求增长。当前数字媒体产业中发展最快的是影视动画、网络动漫、网络游戏、数字视音频、远程教育资源、数字图书馆、数字博物馆等行业,它们的共同点之一是以数字媒体技术为支撑,为社会提供数字内容产品和服务,这些行业发展所遇到的最大瓶颈就是数字媒体专门人才的短缺。随着数字媒体产业的飞速发展,对数字媒体技术人才的需求将成倍增长,而且这一需求是长远的、不断增长的。

　　正是基于对国家社会、人才的需求分析和对数字媒体人才的能力结构分析,国内高校掀起了建设数字媒体专业的热潮,以承担为数字媒体产业培养合格人才的重任。教育部在2004年将数字媒体技术专业批准设置在目录外新专业中(专业代码:080628S),其培养目标是"培养德智体美全面发展的、面向当今信息化时代的、从事数字媒体开发与数字传播的专业人才。毕业生将兼具信息传播理论、数字媒体技术和设计管理能力,可在党政机关、新闻媒体、出版、商贸、教育、信息咨询及 IT 相关等领域,从事数字媒体开发、音视频数字化、网页设计与网站维护、多媒体设计制作、信息服务及数字媒体管理等工作"。

　　数字媒体专业是个跨学科的学术领域,在教学实践方面需要多学科的综合,需要在理论教学和实践教学模式与方法上进行探索。为了使数字媒体专业能够达到专业培养目标,为社会培养所急需的合格人才,我们和全国各高等院校的专家共同研讨数字媒体专业的教学方法和课程体系,并在进行大量研究工作的基础上,精心挖掘和遴选了一批在教学方面具有潜心研究并取得了富有特色、值得推广的教学成果的作者,把他们多年积累的教学经验编写成教材,为数字媒体专业的课程建设及教学起一个抛砖引玉的示范作用。

　　本系列教材注重学生的艺术素养的培养,以及理论与实践的相结合。为了保证出版质量,本系列教材中的每本书都经过编委会委员的精心筛选和严格评审,坚持宁缺毋滥的原则,力争把每本书都做成精品。同时,为了能够让更多、更好的教学成果应用于社会和各高等院校,我们热切期望在这方面有经验和成果的教师能够加入到本套丛书的编写队伍中,为数字媒体专业的发展和人才培养做出贡献。

21 世纪高等学校数字媒体专业规划教材
联系人:魏江江　weijj@tup.tsinghua.edu.cn

在动画的基础理论课"动画原理"的学习中,我们应该知道动画中的动体分为两种类型,一种是有生命的动体,如人物、动物或一些拟人化的生物;一种是无生命的动体,如树木、火焰、流水、道具等。按照动画专业的分类,有生命的动体被称为角色动画。本书就是针对角色动画制作学习的教程,也就是教读者利用 Maya 软件平台来制作三维角色动画。

　　动画是动的艺术,运动和动作的表现是动画创作的核心。三维角色动画是一部动画片制作的重要一环,角色的运动、动作以及表演的生动性都包含在其中。一个完整的角色动画制作应该包括:角色建模、表情动画制作、材质与贴图制作、骨骼绑定、蒙皮权重处理、非线动作制作、镜头输出。有高级要求的角色动画还要进行肌肉的添加制作,因此涉及的内容很多。然而,一部好的教程应该内容简洁、突出重点、通俗易懂,并且能够举一反三。因此,本着这样一种理念,本书从角色骨骼绑定之后的操作开始讲起,重点放在角色的动作制作与编辑上。而对于动作制作之前的准备及辅助性工作则放到其他教程的内容当中去。角色动画不仅是软件制作的问题,而且涉及表演学、动画运动规律等理论知识的应用。从表演学上讲,肢体的动作常与表情动画配合以加强对角色心理活动的表现。为了适应专业制作的要求,表情动画的制作也纳入到本书的讲解内容中来,并且将表情动画与肢体动作的结合作为重点来讲解。

　　学习角色动画不仅要概念清晰,熟悉制作流程,更重要的是在制作实践中积累经验,因此,平时的制作练习很重要。另外,值得提醒读者注意的是,学习动作制作不能使用短肢的卡通角色作为练习实例,而要使用正常比例的角色来进行制作,这样才能真正认识关节的变换形态,准确地做出动作判断,将动作制作到位。一段好的角色动画应该是动作流畅、富有表演性、生动传神、富有美感。在手绘动画中,复合动作的制作非常复杂。不要说是一个动作,就是一帧画面都需要经过反复的对位、多次同描才能够完成。与手绘动画不同,在三维计算机动画中角色的动作可以一部分一部分地制作,然后再叠加起来。这种对复杂动作所采用的叠加制作方法主要是依赖于计算机的合成技术。这就需要我们掌握动作分析、表演学等理论知识,并且熟练应用动作流的编辑技巧,通过动作的组合来实现。对动作流的编辑以及动作节奏的制作固然重要,而掌握软件制作的内在逻辑更为重要。

　　随着计算机技术的高速发展、软件技术性能的提高、技术手段的强化,三维计算机动画具有便捷的修改技术、神奇的合成技术、灵活的替换技术、强大的数据交换技术的支持。三维计算机动画具有这样的制作特点,就为各种计算机动画素材进行资源化管理创造了条件。这也是三维计算机动画与二维手绘动画的最大不同,因此,通过本书的学习,读者在掌握动作设计的同时,还要学会制作动作库、表情库、口型库等资源,以及对这些资源的扩充、整理与调用。这些资源素材的积累不仅是平时制作练习的成果,而且可以作为资源文件储备。一旦有所需要,经过一些修改、整理、组合就可以成为新的样式,并且变化无穷。这对于提高制作效率,无疑又是一个飞跃,只有具备这样的素质才能成为一个合格的动画师。

  在动画各专业中,动作设计师不同于其他的制作人员,动作设计师一般要求掌握两种以上三维软件的动作制作技术,而对于其他的制作人员则没有这样的要求。两种软件的交互使用会使角色动作的制作更加完美而生动,因此,好的动作设计师都具有这样的素质。要达到这样一个目标,先要脚踏实地地学好 Maya 角色动画制作技术,才具备深入学习的可能性。

  动作设计师不仅负责对角色动作的设计与制作,还负责对整体制作流程的总体掌控。目前,对制作流程的把握能力和应变能力已经成为衡量动画制作人员专业水平的一项重要标准。本书也利用一个章节来对角色动画的制作流程进行全面的介绍,对流程的熟悉是真正掌握高效率制作方法的基础,并融会贯通,只有这样才能融入高效、快速的制作流程中来,充分发挥计算机动画的技术优势,通过技术整合来发挥计算机动画制作的最高效率。特别是对于动画监制人员来说,只有全面掌握了三维动画的制作技术,才能提出最佳解决方案,率领团队完成高难度的制作任务。

  按照常规,三维动画教程的编写一般都以演示教学为主要手段,本书也不例外,在每一章的后面都配有两个典型实例的制作。在制作实例的选择上,我们省略了双人对打、四足动物的动作制作等内容,而选择具有代表性的、能够与实战制作流程相对应的实例来讲解,并且录制成了视频教程,以便于读者学习。

作 者

2018 年 4 月于哈尔滨理工大学

目　录

高级篇　Maya 角色动作的综合制作

基础篇

Maya角色动画制作工具

第1章　非线编辑器与曲线图编辑器

从 Maya 基础教学的学习中我们都应该知道,动画的基本操作是利用时间轴 K 关键帧来制作的。但是对于角色动画,仅靠这样的方法是难以完成复杂而流畅的动作制作的。非线编辑器和曲线图编辑器是制作角色动画的两个主要工具。利用非线编辑器和曲线图编辑器不仅能制作出复杂而流畅的角色动作,并且能表现动作的细节,提高动画的制作效率。角色动画制作属于动态制作,在制作过程中最容易出现错误。因此,对制作工具的基本用法的了解以及对基本操作的熟练掌握,是掌握动作制作的基础。

循环动作是学习角色动画制作的起点,非线编辑器和曲线图编辑器是制作循环动作最好的工具。非线编辑器可以不受时间限制,非线性地分别制作角色的动作片段,对动作片段的编辑与修改也非常方便。调速问题是动画制作中一个非常重要的核心问题,但是,在非线编辑器中,调速操作变得轻而易举。K 帧动画在非线编辑器中转化成动作片段后,具有独立性并可以重复使用,也可以与其他片段合并或融合,从而组成各种运动效果。我们可以在原有的动作片段上进行修改,又可以保证原有的动作片段不被破坏。这样的编辑方法就可以对动作表现进行深入的挖掘,达到各种变化要求。因此,非线编辑器结合曲线图编辑器可以深入地开发出复杂的动画。循环动作是最基本的动作流形态,动作的节奏变化、姿态转换、衔接、组合以及协调性都涵盖其中。对循环动作的制作要完成一个运动周期的动作变化,这样,动作才能无限循环下去。此外,人的循环动作还具有反向对称的关系,因此入手比较简单。

进入 Maya 的动态制作,首先要求我们要严格地按照软件的操作规范来进行制作,否则会错误百出。在制作之前,一定要创建项目文件,并且在正确的路径引导下进行制作。有许多人在学习建模的时候就没有按照规范操作,比赛谁做得快,而连项目文件夹都没有。如果带着这种习惯来制作动画,那一定会毫无所获。因此,作为一个合格的动画师,一定要在基本概念上下功夫,并养成严谨的工作作风。

 学习目标

（1）熟练掌握非线编辑器的基本用法。
（2）熟练掌握曲线图编辑器的基本用法。

重难点

（1）本章重点是理解运动曲线的基本概念。
（2）本章难点是对运动曲线上关键帧切线的操作。

训练要求

（1）熟练掌握非线编辑器的基本操作。

（2）熟练掌握曲线图编辑器的基本操作。

1.1 非线编辑器

非线编辑器是制作角色动画的最基础的工具，特别是对于循环动作的制作，使用非线编辑器是首选方案。非线编辑器可以不受时间限制非线性地分层和混合角色动画序列，可以分层和混合任何类型的关键帧动画（也包括运动捕捉和路径动画），非线编辑器结合其他动画工具可以开发出复杂的动画。

动作片段是从现有动画角色获取的一段动画，它具有独立性并且可以重复使用，也可以与其他片段合并或融合，角色的走、跑、跳和翻跟头等动画序列都可以作为片段，以不同方式混合和组织它们可以创建出各种运动效果。

1.1.1 非线性动画

进入三维动画的学习，首先要摆脱二维手绘动画的制约。三维动画主要是一种编辑制作，这种编辑制作不必一次性地将动画制作到位，可以逐步添加、修改。即使有错误也不必推倒重来，通过调整、修正就可以达到制作目的。后面还要讲到各动画专业之间交叉作业的问题，这些灵活制作的流程就是非线性的制作方法。

1. 什么是非线性动画

首先要对二维手绘动画有所认识，二维手绘动画的制作是一帧一帧地画出来的。制作一段动作时，先要将动作过程的造型次序想象出来，然后一个一个地将这些动作造型画出来。画的过程是从开始到结束，按次序地画而不能打乱，这样的制作过程称为线性制作，即按照时间的前后顺序来绘制原画，否则，就很难保证角色的一致性而正确地绘制动作造型。然而，在三维动画的动作制作中，由于动作都是在同一个模型上制作的，因此可以不按照动作次序来进行制作，这就是非线性动画。

非线性动画在制作中具有很大的自由度，不仅可以不必受动作顺序、动作时间、动作造型的制约，并且可以随时对动作过程进行修改、添加、变化等制作。

2. 控制器与骨骼

角色动画制作是从骨骼绑定之后开始进行制作的。在完成骨骼绑定之后，拿到的素材应该是带有控制器的骨骼模型，我们是在这样的模型上开始进行动作制作的。控制器对于骨骼有多种绑定方式，选择哪一种绑定方式要视动作要求而定，这部分知识请参看《Maya角色骨骼绑定与蒙皮教程》一书。

首先，要对控制器与骨骼有正确的认识。骨骼是角色模型的驱动装置，但不能直接用它来制作动画。如果移动骨骼，那么骨骼会拉长。如果通过旋转骨骼来确定动作姿态，操作起来是非常麻烦的。控制器是驱动骨骼的装置，既对骨骼有保护作用、方便操作，又可以对骨骼进行约束使其做出正确动作。因此，制作角色动画前对骨骼要进行绑定设置，即添加控制器。这样,由控制器来带动骨骼运动,并且在动画制作当中是对控制器打关键帧,而不是对骨骼打关键帧。因此,关键帧都记录在了控制器上,而骨骼上是没有关键帧的。

使用控制器的目的如下。

(1) 对骨骼起保护作用。动作制作中是对控制器来操作,而不是对骨骼来操作,这样就不会引起骨骼的拉伸变化。

(2) 控制器可以归零而骨骼不能归零,制作动画时归位很方便。

(3) 控制器上可以添加新的属性来控制骨骼的动作范围。

(4) 控制器上可以写表达式来控制骨骼之间的联动关系。

3. 角色动画的制作流程

在 Maya 中任何动画制作都离不开 K 关键帧,也称关键帧动画或打关键帧。K 关键帧要与时间滑块配合操作,K 关键帧有几种方式,下面以角色动画举例。

(1) 针对属性 K 关键帧:确定时间滑块位置,选择控制器,在其通道框中的某个属性上单击鼠标右键选择"为选定项设置关键帧"命令,这个属性将变为红色的底色,同时,在时间轴上出现关键帧标记,即对这个单个属性进行了 K 关键帧。

(2) 快速 K 关键帧:确定时间滑块位置,选择控制器,按 S 键,控制器通道框中所有属性都变为红色的底色,同时,在时间轴上出现关键帧标记,即对所有的属性进行了 K 关键帧。快速对属性 K 帧的操作还有:按 Shift+W 组合键对所有移动属性 K 关键帧;按 Shift+E 组合键对所有旋转属性 K 关键帧;按 Shift+R 组合键对所有缩放属性 K 关键帧。

(3) 自动记录关键帧:单击时间轴右侧"自动记录关键帧"按钮,确定时间滑块位置,选择控制器对其进行移动、旋转。同时,在时间轴上出现关键帧标记。注意这种方式不能用于第一帧的操作。作为一种快速 K 关键帧的手段要与前两种方法配合使用。

(4) 删除关键帧:如果要删除关键帧,选择控制器可以在通道框中选择属性后,右击鼠标执行"断开连接"命令。这样就删除了控制器上所有的关键帧。也可以选择控制器并选择时间轴上的关键帧标记,右击鼠标执行"删除"命令,也可以将关键帧删除。但是这种操作方法只能删除个别关键帧,而不能删除全部的关键帧。

在角色动画制作中,应用哪一种方式来制作关键帧动画,全凭个人的制作习惯。完成关键帧设置之后,播放动画,计算机会将关键帧之间的动作过渡自动连接起来,形成动画效果。

角色在完成了关键帧动画的制作后,就进入了编辑阶段。编辑阶段是角色动画制作的重点,这就涉及各种编辑器的用法了。

1.1.2 非线编辑器基本用法

执行"窗口"→"动画编辑器"→"Trax 编辑器"主菜单命令可以打开非线编辑器面板,如图 1-1 所示。然而,进入非线编辑器是有条件的,必须要配合"动画"主菜单中的"角色"命令来使用,如图 1-2 所示。因此,首先要选择骨骼模型上所有的控制器,再执行"角色"→"创建角色集"命令,打开"创建角色集选项"窗口,如图 1-3 所示。在这里为角色集起名为 men,单击"创建角色集"按钮完成创建。

完成角色集创建后,在大纲视图中可以看到角色集 men,如图 1-4 所示。也可以在右下角的角色集选择器中选择到 men,如图 1-5 所示。这时再打开非线编辑器,面板左侧列出场景中的角色集名称,面板右侧显示时间栏和所创建的动画片段轨道。只有场景中创建了角色集,在非线编辑器中才会显示角色集和轨道,才能使用非线编辑器来工作。

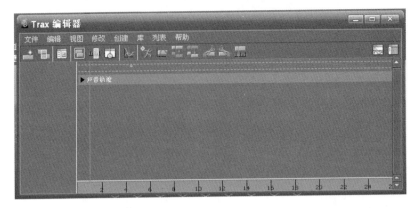

图 1-1

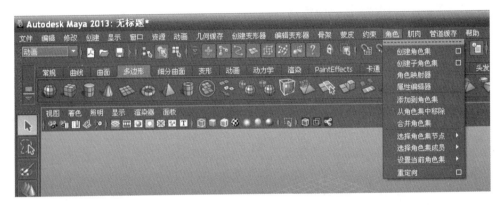

图 1-2

图 1-3

图 1-4

图 1-5

进入非线编辑器后,首先要创建动作片段,然后对动作片段进行各种编辑。
Trax 编辑器上的菜单命令如下。

1. 文件

"文件"菜单如图 1-6 所示。

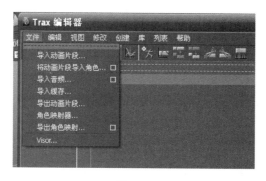

图 1-6

(1) **导入动画片段**:执行此命令,可将保存在硬盘文件夹中的动作片段导入到非线编辑器中。

(2) **将动画片段导入角色**:选择角色集,执行此命令,可将保存在硬盘文件夹的动作片段导入到选择的角色集上。

(3) **导入音频**:执行此命令,可将保存在硬盘文件夹中的音频片段导入到非线编辑器中。

(4) **导入缓存**:执行此命令,可将保存在硬盘文件夹中的缓存文件导入到非线编辑器中。

(5) **导出动画片段**:选择动作片段,执行此命令,可将动作片段保存到硬盘文件夹中。

(6) **角色映射器**:执行此命令,可打开角色映射器。

(7) **导出角色映射**:执行此命令,可将角色映射数据导出到硬盘文件夹中。

(8) **Visor**:执行此命令,可以打开 Visor 编辑器。

2. 编辑

"编辑"菜单如图 1-7 所示。

(1) **撤销**:用于撤销上一次的操作。

8

图 1-7

（2）**重做**：用于恢复上一次撤销的操作。

（3）**剪切**：选择动作片段，执行此命令，可将动作片段复制到内存中，动作片段消失。

（4）**复制**：选择动作片段，执行此命令，可将动作片段复制到内存中，动作片段仍然在轨道上。

（5）**粘贴**：执行此命令，可将复制在内存中的动作片段粘贴到轨道上。

（6）**分割**：在动作片段上确定时间滑块位置，执行此命令，可将动作片段分割为两条。

（7）**合并**：选择两个动作片段，执行此命令，可将这两个动作片段合并为一个动作片段。

（8）**合并缓存片段**：此命令与后面的"几何缓存"命令连用。在非线编辑器的缓存轨道上选择两个缓存动作片段，执行此命令，可将这两个缓存动作片段合并为一个动作片段。

（9）**剪去前方**：选择动作片段，设定时间滑块位置，执行此命令，可将时间滑块前面的动作片段剪去。

（10）**剪去后方**：选择动作片段，设定时间滑块位置，执行此命令，可将时间滑块后面的动作片段剪去。

（11）**复制**：选择动作片段，执行此命令，可将动作片段复制到 Visor 中的角色片段保存单元中。

（12）**复制通道偏移**：选择源片段和目标片段，执行此命令，则目标片段中的通道偏移与源片段中的通道偏移统一。

（13）**快速选择集**：此命令与后面的"快速选择集"命令连用。建立快速选择集后，执行此命令，选择快速选择集名称，可以快速地选择到快速选择集。

（14）**分组**：选择几个动作片段后，执行此命令，可将这几个动作片段形成一个组，便于对动作片段的管理。

（15）**解组**：选择组中的动作片段，执行此命令，可将组中的动作片段分离开，并移除组。

（16）**设置片段重影根**：选择动作片段，执行此命令，可选择动作片段中的控制器作为重影根来观察动画效果。

3. 视图

"视图"菜单如图 1-8 所示。

图　1-8

（1）**框显全部**：执行此命令，可将所有动作片段在非线编辑器中最大化显示。

（2）**框显当前选择**：选择动作片段，执行此命令，可将动作片段在非线编辑器中最大化显示。

（3）**框显播放范围**：执行此命令，可将时间轴播放范围在非线编辑器中最大化显示。

（4）**居中当前时间**：执行此命令，可将时间滑块在非线编辑器中居中显示。

（5）**为动画曲线制图**：选择动作片段，执行此命令，即转换到曲线图编辑器中打开动作片段中的动作曲线。

4. 修改

"修改"菜单如图 1-9 所示。

图　1-9

（1）**属性编辑器**：选择动作片段，执行此命令，可打开动作片段的属性编辑器。

（2）**启用/禁用**：选择动作片段，执行此命令，动作片段为深蓝色禁用状态，动体处于静止。选择禁用的动作片段，执行此命令，动作片段恢复为浅蓝色启用状态，动体恢复动画。

（3）**激活/取消激活关键帧**：选择动作片段，执行此命令，动作片段变为紫色，并激活时间轴上的关键帧，可以对关键帧进行修改。再次执行此命令，动作片段变为黄色，恢复为正常状态，结束修改。

（4）**移除空轨迹**：选择空轨迹，执行此命令，可移除空轨迹。

（5）**匹配片段**：选择两个动作片段，执行此命令。可以使两个动作片段的平移或旋转属性得到匹配,从而保证动作片段连接后不产生错误。

5. 创建

"创建"菜单如图1-10所示。

图　1-10

(1) **动画片段**:指定角色集,执行此命令,可创建角色集的动作片段。

(2) **约束片段**:创建带有约束的动画片段。此命令将在第5章中详细讲解。

(3) **表达式片段**:创建带有表达式的动画片段。此命令将在第5章中详细讲解。

(4) **姿势**:指定角色集,执行此命令,可创建角色集的姿势位片段。

(5) **混合**:选择两个动作片段,执行此命令,在两个动作片段之间生成一条绿线,可将两个动作片段混合起来。

(6) **角色集**:执行此命令,可以在这里创建角色集。

(7) **时间扭曲**:选择动作片段,执行此命令,可创建该动作片段的时间扭曲曲线,动作片段上出现一条绿线。

(8) **快速选择集**:选择几个动作片段,执行此命令,命名后可对这几个动作片段建立快速选择集。注意与前面的"快速选择集"命令连用。

(9) **几何缓存**:选择动体,加选其几个动作片段执行此命令。可将动体的这几个动作片段自动合并为一个片段,并形成一个缓存文件保存在硬盘文件夹中。在非线编辑器中出现一个缓存轨道并且有一个缓存动作片段。

6. 库

"库"菜单如图1-11所示。

图　1-11

（1）**插入片段**：创建动作片段后，动作片段会自动保存在这里。可以在这里选择动作片段加载到轨道上。

（2）**插入姿势**：创建姿势位片段后，姿势位片段会自动保存在这里。可以在这里选择姿势位片段加载到轨道上。

7. 列表

"列表"菜单如图 1-12 所示。

图　　1-12

（1）**自动加载选定角色**：选中此项指定角色集后，打开非线编辑器角色集可被自动加载到非线编辑器中来。

（2）**加载选定角色**：指定角色集后执行此命令，可将指定的角色集加载到非线编辑器中。

（3）**添加选定角色**：在角色集选择器中指定角色集，执行此命令，可将指定的角色集加载到非线编辑器中。

（4）**书签**：书签是为了快速选择，其中有以下三个子命令。

① **为当前角色添加书签**：当场景中有多个角色集时，选择一个角色集执行此命令，在对话框中起名，即可创建一个书签。

② **移除所有书签**：执行此命令，可以删除所有创建的书签。

③ **书签名**：如果执行了"为当前角色添加书签"命令，这里就会出现书签名。执行此命令可以快速选择到角色集。在对话框中可以删除此书签。

8. 帮助

（略）

1.1.3　对动作片段的操作

从制作流程上讲，首先要正确地进入非线编辑器。然后，对角色集创建动作片段，最后对动作片段进行各种编辑。

1. 创建角色集

首先，选择角色模型上所有的控制器，执行动画模块下菜单"角色"→"创建角色集"命令，打开"创建角色集"对话框，在对话框中为角色集起名。

如果角色模型上有互为隐藏的控制器，要显示出隐藏的控制器，选择它们再次创建角色集。打开大纲视图后，选择其中两个角色集，执行动画模块下菜单"角色"→"合包角色集"命令，将两个角色集合并为一个角色集。

2. 创建动作片段

创建角色集之后,再打开非线编辑器,就可以看到角色集和轨道。

选择角色模型上的控制器对角色的动作进行摆位,并且 K 关键帧,先制作出一段关键帧动画。这段关键帧动画要进入非线编辑器,要执行编辑器中"创建"→"动画片段"命令,在对话框中设置动画的时间范围,在角色集轨道上就可以创建出一个动作片段了。

3. 编辑动作片段

在非线编辑器中创建了动作片段之后,下一步就是对动作片段的操作和编辑。通过对动作片段的编辑可以对动作时间点进行定位、加速、减速等操作。

(1) **移动动作片段**:用鼠标激活动作片段后,可以用鼠标左键在轨道上移动动作片段的位置,重新定位动作的时间点。

(2) **动作片段剪切**:鼠标在动作片段条左上端数字处显示为刀形时,按住鼠标左键拖动鼠标即可对片段中前部动作进行剪切,结果是前部的动作被剪掉了。鼠标在动作片段条右上端数字处显示为刀形时,按住鼠标左键拖动鼠标即可对片段中后部动作进行剪切,结果是后部的动作被剪掉了。

(3) **缩放动作片段**:鼠标指针在动作片段条左下端数字显示为直箭头时,按住鼠标左键拖动鼠标即可对动作片段进行缩放。放大动作片段可以使动作减速,缩小动作片段可以使动作加速,从而达到动作调速的目的。鼠标在动作片段条右下端数字显示为直箭头时,按住鼠标左键拖动鼠标同样可以对动作片段进行缩放。

(4) **动作循环**:鼠标在动作片段条右下端数字上按 Shift 键显示为弯箭头时,按住鼠标左键拖动鼠标可以制作动作循环。

(5) **复制动作片段**:鼠标激活动作片段后,执行右键"复制片段"命令,可以将动作片段复制到内存中。

(6) **粘贴动作片段**:鼠标放在轨道上,执行右键"粘贴片段"命令,可以将复制到内存中的动作片段粘贴到轨道上。

(7) **修改片段关键帧**:鼠标激活动作片段后,执行右键"激活片段"命令,动作片段呈紫色并且时间轴上出现关键帧。可以修改关键帧,修改后单击右键取消选中"激活片段"命令,动作片段恢复为蓝色完成修改。

对以上的制作过程,详见本书配套资料中本章视频教程中的演示。

1.2 曲线图编辑器

选择主菜单命令"窗口"→"动画编辑器"→"曲线图编辑器"可以打开"曲线图编辑器"窗口,如图 1-13 所示。

曲线图编辑器的主要功能是整理关键帧、修正运动曲线,不但经常与非线编辑器一起使用,也经常与动画层工具一起使用。制作一段简单动画后,可以打开曲线图编辑器,当我们选择有动画的物体时,就会在曲线图编辑器中看到它的属性曲线,如图 1-14 所示。

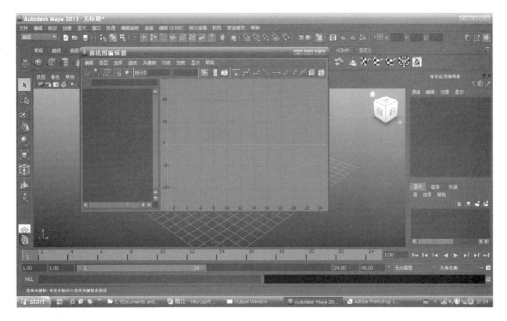

图 1-13

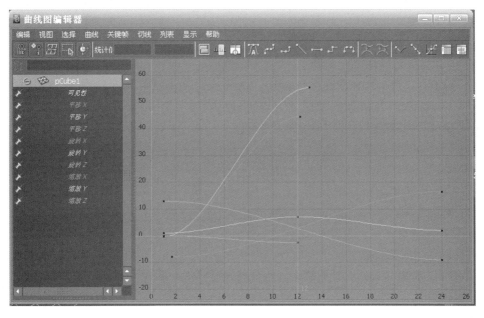

图 1-14

1.2.1 曲线图编辑器基本用法

打开曲线图编辑器后,在曲线图编辑器上有菜单命令。这些命令的用法和操作如下。

1. 编辑

"编辑"菜单如图 1-15 所示。

(1) **撤销**:用于撤销上一次的操作。

图 1-15

（2）**重做**：用于恢复上一次撤销的操作。

（3）**剪切**：选择曲线上的关键帧或选择整条曲线，执行此命令，可以剪切掉此关键帧或曲线，并且将关键帧或曲线数据保存在剪贴板上。

（4）**复制**：选择曲线上的关键帧或选择整条曲线，执行此命令，可以复制此关键帧的数据或曲线，并且将关键帧或曲线数据保存在剪贴板上。

（5）**粘贴**：在对话框中先确定关键帧位置，单击粘贴关键帧，可以将复制或粘贴关键帧的数据粘贴到确定的关键帧位置上，或粘贴曲线。

（6）**删除**：选择曲线上的关键帧，执行此命令，可以删除曲线上的关键帧。相当于按Delete 键。

（7）**缩放**：选择曲线上所有的关键帧，执行此命令，按住鼠标左键拖动鼠标可以对曲线进行缩放。

（8）**变换工具**：其中有以下几个子命令。

① **移动关键帧工具**：选择曲线上的关键帧或所有的关键帧，执行此命令，按住鼠标中键拖动可以移动关键帧或移动整个曲线。

② **缩放关键帧工具**：选择曲线上所有的关键帧，执行此命令，按住鼠标中键拖动可以缩放整个曲线。

③ **晶格变形关键帧工具**：选择曲线上所有的关键帧，执行此命令，可以在曲线上设置晶格，按住鼠标左键移动晶格点，可以改变曲线形态。

④ **区域关键帧工具**：选择曲线上所有的关键帧，执行此命令，在曲线外围出现 4 个控制点，按住鼠标左键移动控制点可以改变曲线形态。

⑤ **重定时工具**：执行此命令，在曲线上双击可以创建重定时工具。移动重定时工具可以改变曲线形态。

（9）**捕捉**：选择关键帧，执行此命令，可将关键帧的时间和属性值立即捕捉到最近的整数值位置。

（10）**选择未捕捉对象**：选择曲线，执行此命令，可将时间值不处在整数单位的关键帧选择出来，以便于使用"捕捉"命令将其整数化。

（11）**选择曲线节点**：选择动作片段，进入曲线图编辑器。在创建中选择控制器，在曲线图编辑器中可以看到控制器名但不能指定其曲线。在角色集中可以找到控制器名，选择它的曲线，执行此命令。将角色集选择器切换为"无"，可以在时间轴上看到曲线的关键帧。

（12）**更改曲线颜色**：选择曲线上所有的关键帧，执行此命令，设置颜色后单击颜色按钮，可以更改曲线颜色。

（13）**移除曲线颜色**：选择曲线上所有的关键帧，执行此命令，可以使更改颜色的曲线回到原始颜色。

（14）**设置曲线颜色**：选择曲线上所有的关键帧，执行此命令，设置颜色后单击"添加"按钮，可以更改曲线颜色。单击"移除"按钮，可以使曲线颜色回到原始颜色。

（15）**场景时间扭曲**：其中有以下 4 个选项。

① **添加场景时间扭曲**：选择物体，执行此命令，可以对物体添加场景时间扭曲曲线。

② **选择场景时间扭曲**：选择物体，执行此命令，可以显示场景时间扭曲曲线并可以对其进行调整。

③ **删除场景时间扭曲**：选择物体，执行此命令，可以删除物体的场景时间扭曲曲线。

④ **启用场景时间扭曲**：对物体添加场景时间扭曲曲线后，自动选中此项，提示物体已经添加了场景时间扭曲曲线。删除物体的场景时间扭曲曲线后，自动取消选中，提示物体已经没有场景时间扭曲曲线了。

2. 视图

"视图"菜单如图 1-16 所示。

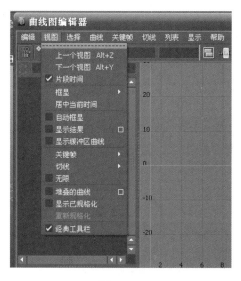

图 1-16

（1）**上一个视图**：返回到上一个选择的视图区。

（2）**下一个视图**：返回到下一个选择的视图区。

（3）**片段时间**：选中此项，显示初始关键帧和末端关键帧之间的部分。

（4）框显：这里有以下三个子命令。

① 框显全部：执行此命令，在视图区对曲线最大化显示。

② 框显当前选择：执行此命令，在视图区对曲线局部选择最大化显示。

③ 框显播放范围：执行此命令，在视图区对曲线按时间轴播放范围显示。

（5）居中当前时间：执行此命令，可将时间轴播放位置作为视图区居中显示。

（6）自动框显：选中此命令，在视图区自动对曲线最大化显示。

（7）显示结果：选中此命令，可显示切线以外部分。

（8）显示缓冲区曲线：选中此命令，可显示缓存区曲线。如果显示缓冲区曲线，那么，在修改曲线或关键帧时就可以看到一条原始的虚线，这就是缓冲区曲线。

（9）关键帧：对曲线关键帧的显示，其中有以下三个选项。

① 始终：单击此命令，显示曲线上的所有关键帧。

② 从不：单击此命令，隐藏曲线上的所有关键帧。

③ 仅活动：单击此命令，显示曲线上所选择的关键帧，而没被选择的关键帧则隐藏。

（10）切线：对曲线上切线的显示，其中有以下三个选项。

① 始终：单击此命令，显示曲线上所有关键帧的切线。

② 从不：单击此命令，隐藏曲线上所有关键帧的切线。

③ 活动关键帧上：单击此命令，显示所选择关键帧的切线，而没被选择的关键帧则隐藏其切线。

（11）无限：选中此命令，可显示切线以外部分。

（12）堆叠的曲线：选中此项，曲线图编辑器只能显示单个曲线。不勾选此项，曲线图编辑器中可同时显示每条曲线。

（13）显示已规格化：若执行"堆叠的曲线"命令，此项自动选中。

（14）重新规格化：选中"显示已规格化"命令，此项激活。

（15）经典工具栏：选中此命令，编辑器图标栏按经典排列，便于使用。

3. 选择

"选择"菜单如图 1-17 所示。

图　1-17

（1）全部：单击此命令，下面 4 项全部选中。可以选择任何一项。

（2）仅曲线：单击此命令，下面的"曲线"将选中。只可以选择曲线。

（3）曲线：选中此项，可以选择曲线。

（4）**关键帧**：选中此项，可以选择关键帧。

（5）**入切线**：选中此项，可以选择入切线。

（6）**出切线**：选中此项，可以选择出切线。

（7）**选择前亮显**：选中此项，相当于"全部"命令。

4．曲线

"曲线"菜单如图 1-18 所示。

图　1-18

（1）**前方无限**：此命令要配合"视图"→"显示结果"命令，即打开了曲线前方的空间。其中有以下 5 个命令。

① **循环**：单击此命令，曲线在前方形成循环状态，物体做原地循环运动。

② **带偏移循环**：单击此命令，曲线在前方形成偏移循环状态，物体做移动循环运动。

③ **往返**：单击此命令，曲线在前方形成往返循环状态，物体做原地往返循环运动。

④ **线性**：单击此命令，曲线在前方形成与端点切线方向一致的直线状态，物体产生偏移运动。

⑤ **恒定**：单击此命令，曲线在前方形成水平直线状态，物体在曲线之前原地静止。

（2）**后方无限**：此命令要配合"视图"→"显示结果"命令，即打开了曲线后方的空间。其中有以下 5 个命令。

① **循环**：单击此命令，曲线在后方形成循环状态，物体做原地循环运动。

② **带偏移循环**：单击此命令，曲线在后方形成偏移循环状态，物体做移动循环运动。

③ **往返**：单击此命令，曲线在后方形成往返状态，物体做原地往返循环运动。

④ **线性**：单击此命令，曲线在后方形成与端点切线方向一致的直线状态，物体产生偏移运动。

⑤ **恒定**：单击此命令，曲线在后方形成水平直线状态，物体在曲线之后原地静止。

（3）**隔离曲线**：选择一条曲线后执行此命令，相当于单独选择这条曲线。其他的曲线被隔离了。

（4）**曲线平滑度**：选择一条曲线后执行此命令，其中有 4 个选项，可以对曲线进行平滑度处理。

（5）**烘焙通道**：选择一条曲线后执行此命令，设置采样频率，可按采样频率在曲线上分割出多个关键帧。

（6）**禁用通道**：选择曲线后执行此命令，曲线上出现了一条水平线，播放动画物体该属性运动停止。

（7）**取消禁用通道**：选择禁用通道的曲线后执行此命令，曲线呈正常显示，物体运动恢复。

（8）**创建通道模板**：选择曲线后执行此命令，曲线呈虚线显示，曲线及曲线上的关键帧锁定，不可操作。

（9）**取消通道模板**：选择创建通道模板的曲线后执行此命令，曲线及曲线上的关键帧解除锁定，可操作。

（10）**固定通道**：选择曲线，单击此命令，一旦场景中控制器不被选择，曲线图编辑器中依然显示该曲线并可以对曲线进行操作。

（11）**取消固定通道**：选择固定通道的曲线，单击此命令，即可取消固定通道。

（12）**更改旋转插值**：Maya 针对旋转关键帧有两种插值方法，一种是四元曲线插值，一种是欧拉插值。从动画效果上看，四元曲线插值更平缓一些。

① **独立 Euler**：是 Maya 默认的旋转方式。如果旋转为其他方式，选择曲线单击此命令，曲线回到 Maya 默认方式。

② **同步 Euler**：选择曲线单击此命令，曲线为同步 Euler 方式。

③ **四元数球面线性插值**：选择曲线单击此命令，曲线为四元数球面线性插值方式。

④ **四元数立方**：选择曲线单击此命令，曲线为四元数立方方式。

⑤ **四元数切线从属**：选择曲线单击此命令，曲线为四元数切线从属方式。

（13）**简化曲线**：选择曲线执行此命令，设置容差，可将曲线上关键帧数量减少。

（14）**Euler 过滤器**：选择旋转关键帧，执行此命令，可将旋转关键帧转换为欧拉旋转。当在一条曲线上增加、删除或移动关键帧时，与它相关联曲线上的关键帧也相应地改变。

（15）**重新对曲线采样**：选择曲线执行此命令，设置采样类型，可对曲线重新采样，加入关键帧。

（16）**属性总表**：选择曲线执行此命令，可打开属性栏中曲线属性查看关键帧属性。

（17）**缓冲区曲线**：其中有以下两个选项。

① **快照**：执行此命令，缓存区曲线消失。

② **引用**：执行此命令，缓存区曲线不消失。

（18）**交换缓存区曲线**：如果选中了"显示缓存区曲线"命令，修改曲线时就可以看到灰色的缓存区曲线。如果对修改后的曲线不满意，可以执行此命令，曲线可恢复到缓存区曲线位置。这样可对修改曲线起到一个保护作用。

（19）**非加权切线**：选择加权切线的关键帧执行此命令，切线手柄变为细点。切线手柄不可以拉长。

（20）**加权切线**：选择关键帧执行此命令，切线手柄变为粗点。切线手柄可以拉长。

5. 关键帧

"关键帧"菜单如图 1-19 所示。

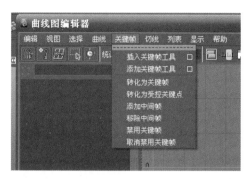

图　1-19

（1）**插入关键帧工具**：选择曲线执行此命令，用鼠标中键单击可在曲线上插入关键帧。

（2）**添加关键帧工具**：选择曲线执行此命令，用鼠标中键单击可在曲线上添加关键帧。

（3）**转化为关键帧**：选择受控关键帧执行此命令，受控关键帧变为关键帧（黑色）。

（4）**转化为受控关键点**：选择关键帧执行此命令，关键帧变为受控关键帧（绿色）。如果移动受控关键帧相邻的关键帧，受控关键帧会随着成比例地移动。

（5）**添加中间帧**：执行此命令，曲线上位于时间滑块右侧的关键帧向右移动一帧，而位于时间滑块左侧的关键帧不移动。

（6）**移除中间帧**：执行此命令，曲线上位于时间滑块右侧的关键帧向左移动一帧，而位于时间滑块左侧的关键帧不移动。

（7）**禁用关键帧**：选择关键帧执行此命令，关键帧变为禁用关键帧。禁用关键帧后面的曲线变为水平直线，运动形式被改变。

（8）**取消禁用关键帧**：选择禁用的关键帧执行此命令，禁用关键帧变为关键帧。

6. 切线

"切线"菜单如图 1-20 所示。

图　1-20

（1）**自动**：选择关键帧执行此命令,运动曲线为自动平滑。

（2）**样条线**：选择关键帧执行此命令,关键帧切线为基本平滑。当曲线上关键帧数量很少时,应用样条线平滑可以获得最好的平滑效果。

（3）**线性**：选择关键帧执行此命令,关键帧之间的曲线呈直线连接,产生突变效果。

（4）**钳制**：选择关键帧执行此命令,当两个相邻关键帧的属性数值非常接近时,它们之间的动画曲线为直线。当两个相邻关键帧的属性数值相差较大时,它们之间的动画曲线为样条线。

（5）**阶跃**：选择关键帧执行此命令,关键帧切线向下一关键帧呈水平阶跃梯状。

（6）**阶跃下一个**：选择关键帧执行此命令,关键帧切线向下一关键帧呈垂直跃梯状。

（7）**平坦**：选择关键帧执行此命令,关键帧切线为水平。

（8）**固定**：选择关键帧执行此命令,当修改关键帧数据时,其切线状态可保持不变。

（9）**高原**：选择所有关键帧执行此命令,在曲线拐点上的关键帧切线呈水平,而其他关键帧为自动平滑。

（10）**入切线**：针对关键帧的入端(关键帧的左侧)切线,其中有以下7个命令。

① **自动**：选择关键帧执行此命令,关键帧切线入端为自动平滑。

② **样条线**：选择关键帧执行此命令,关键帧切线入端为样条线平滑。

③ **线性**：选择关键帧执行此命令,关键帧切线入端为直线转折。

④ **钳制**：选择两个关键帧执行此命令,如果两帧数值相等,第一关键帧切线入端为水平。如果两帧数值不相等,第一关键帧切线入端为样条线。

⑤ **平坦**：选择关键帧执行此命令,关键帧切线入端为水平。

⑥ **固定**：选择关键帧执行此命令,当修改关键帧数据时,其切线入端保持不变。

⑦ **高原**：选择关键帧执行此命令,关键帧切线入端为水平。

（11）**出切线**：针对关键帧的出端(关键帧的右侧)切线,其中有以下7个命令。

① **自动**：选择关键帧执行此命令,关键帧切线出端为自动平滑。

② **样条线**：选择关键帧执行此命令,关键帧切线出端为样条线平滑。

③ **线性**：选择关键帧执行此命令,关键帧切线出端为直线转折。

④ **钳制**：选择两个关键帧执行此命令,如果两帧数值相等,第一关键帧切线出端为水平。如果两帧数值不相等,第一关键帧切线出端为样条线。

⑤ **平坦**：选择关键帧执行此命令,关键帧切线出端为水平。

⑥ **固定**：选择关键帧执行此命令,当修改关键帧数据时,其切线出端保持不变。

⑦ **高原**：选择关键帧执行此命令,关键帧切线出端为水平。

（12）**断开切线**：选择关键帧执行此命令,关键帧切线出入端手柄可单独调整。

（13）**统一切线**：选择关键帧执行此命令,关键帧切线出入端手柄不可单独调整。

（14）**锁定切线权重**：选择加权切线的关键帧执行此命令,切线手柄不可以拉长。

（15）**自由切线权重**：选择锁定切线权重的关键帧执行此命令,切线手柄可以拉长。

7. 列表

"列表"菜单如图 1-21 所示。

（1）**自动加载选定对象**：选中此项,当选择动体时可将其曲线自动加载到曲线图编辑器中。

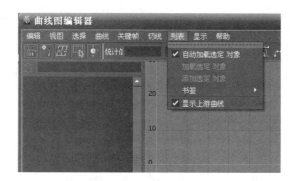

图 1-21

（2）**加载选定对象**：选择动体,执行此命令,可将其曲线加载到曲线图编辑器中。

（3）**添加选定对象**：当选择多个动体时,执行此命令,可以将多个物体的曲线同时添加到编辑器中。

（4）**书签**：为了快速选择,可使用以下三个命令。

① **为当前对象添加书签**：选择几个控制器属性,执行此命令,在对话框中起名就可以在命令下面添加书签。这是为了能够快速选择而使用的命令,当要选择时可以选择书签名称来快速地选择对象。

② **为选定曲线添加书签**：选择几条曲线,执行此命令,在对话框中起名就可以在命令下面添加书签。这是为了能够快速选择而使用的命令,当要选择时可以选择书签名称来快速地选择曲线。

③ **删除所有书签**：执行此命令,可以删除所有已经命名的书签。

（5）**显示上游曲线**：选中此项,进入曲线图编辑器后可以显示角色集的全部曲线。

8．显示

"显示"菜单如图 1-22 所示。

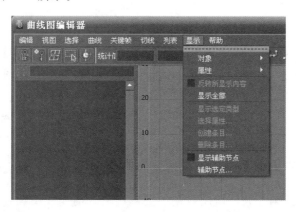

图 1-22

（1）**对象**：选中对其中各选项显示。

（2）**属性**：选中对其中各选项显示。

（3）**反转所显示内容**：选中此命令,可对前两项进行反转显示。

（4）**显示全部**：选择物体，执行此命令，可显示物体全部信息。

（5）**显示选定类型**：执行"显示全部"命令，可激活此项。单击此命令，可以激活下面的"创建条目"命令。

（6）**选择属性**：执行此命令，选中其中属性，可以对物体的移动、旋转、释放进行单独显示。

（7）**创建条目**：单击此命令，可以为物体创建名称并自动保存在对象中，便于选择。

（8）**删除条目**：单击此命令，可以删除所创建的名称。

（9）**显示辅助节点**：选中此命令，可显示辅助节点。

（10）**辅助节点**：单击此命令，可打开辅助节点选择面板。

9. 帮助

（略）

以上是曲线图编辑器中的全部命令，其中的常用命令放置在工具栏的图标里，或者当选择关键帧时列在右键菜单中，可以快速使用。读者可以尝试体会其用法，本书不再赘述。

1.2.2 曲线图编辑器的操作

曲线图编辑器是修整关键帧的主要工具，它可以精细地调整动作节奏以获得角色精彩的动作细节。特别是对于左右对称的动作进行整理时，曲线图编辑器有其不可替代的作用，整理过程详见视频教程。

物体的任何运动都会产生属性上的运动曲线，即属性值对时间的变化率。因此，物体的运动属性都记录在曲线上，也就是说，曲线的形态决定了物体的运动特征，而关键帧是确定曲线形态的定型要素。关键帧一般位于曲线的转折点上，对于不在曲线的转折点上的关键帧一般可以删除。动作曲线上的关键帧还具有切线，切线的不同形式决定了该点曲线的转折形态，因此，对关键帧的切线整理也是曲线图编辑器中的一项重要调整工作。

首先，判断曲线是非常重要的一种能力。无论曲线多么复杂，它都反映了动作在某一属性上的加速与减速关系，特别是在动作转折点处的速度关系。在视觉上体现在动作的变化速度、力度、节奏感。

动作曲线的调整操作如下。

（1）**精确整理关键帧数值**：关键帧的数值和时间点在曲线图编辑器中可以精确调整，特别是对于左右对称的动作，可经过调整使其动作平衡。也可以通过关键帧修正来表现动作的细节变化，甚至可以仅制作身体一侧的动作后，利用曲线图编辑器复制到身体的另一侧。

（2）**平滑动作曲线**：平滑动作曲线就是调整曲线转折处关键帧的切线形态。通过调整使动作流畅而平滑，而对于转折突变的调整可以加强动作力度的变化。

（3）**精减关键帧**：对于没有定型作用的关键帧可以在曲线图编辑器中将其删除，这样既可以减少计算机的运算量，也可以对曲线起到光滑的作用。

1.2.3 曲线图编辑器与非线编辑器的配合使用

在角色动作制作中，曲线图编辑器与非线编辑器常在一起配合使用。非线编辑器制作动作片段，而曲线图编辑器用来修正曲线上的关键帧。在曲线图编辑器和非线编辑器中都有切换按钮,两个编辑器可以自由相互切换。两个编辑器配合使用,但具体的关键帧是在控制器属性上,因此还要针对具体的控制器来操作。详见视频教学中的讲解。

在非线编辑器中必须选择动作片段,才能在曲线图编辑器中看到动作片段中的曲线。否则,曲线图编辑器中不显示任何信息。

编辑修改的方法有以下两种。

(1) 直接在动作片段上修改:选择动作片段后,切换到曲线图编辑器中修改关键帧。这种方法要对控制器进行命名,否则,容易出现错误。

(2) 激活关键帧后修改:激活动作片段关键帧后,选择控制器修改关键帧。这种方法比较直观,但操作相对麻烦。

曲线图编辑器与非线编辑器的配合使用有很强的规律性,需要经过长时间的练习来掌握它。熟练之后,对于控制器和曲线的判断能力就会提高。

1.3　角色动画与运动规律

角色动画与运动规律密切相关,运动规律课上都应该学过,运动规律是角色动画的基础。角色的运动与动作密切相关,在动画中动作不仅是运动的造型要素,而且是一种表演手段。对于运动和动作的表现,我们在动画原理课中学习了12金牌定律,但是,这些表现规律仅仅是丰富了运动的视觉感,或者说丰富了运动形式的变化,仅有这些形式上的表现是远远不够的。从表演艺术上讲,角色动画要通过动作来展现出角色的性格特征、情绪变化,传达出角色的思想、感情等信息,因此要求动作要具有鲜明的个性表现,同时,还要加入情绪化、动作夸张等表演要素,这样,才能使动画角色的形象具有更加丰满、生动的艺术效果。要达到这样的要求,就要对动作表现进行深入挖掘,这就是本书所要讲的主要内容了。

研究运动问题首先要从正确表现原形运动入手,先学会正确地表现运动和动作。然后,在这个基础上学习对动作进行变化,这就是对动画运动的创意。因此,在动作教学中分为两个阶段:第一阶段是掌握基本的运动和动作规律,解决动作表现的技术性问题;第二阶段是开发动作的表演,解决的是动作表现的艺术性问题。

1.3.1　角色动画的特点

在动画制作中,角色动画是指有生命体的运动,比如人、动物或拟人化的生物。与无生命动体的运动不同,有生命体的运动表现相对比较复杂。无生命动体是没有动作的,而有生命动体是有动作的。有生命动体运动的作用力来自于其自身的内驱动力。通过肌肉拉伸、收缩带动肢体作用于外界基底物质上,所产生的反作用力便使得有生命体产生了运动。从这个运动过程上讲,有生命体的运动是由自身的动作所产生的。对于角色动画来说,是通过肢体的动作来带动身体运动的,因此,运动和动作是密不可分的两个方面。

角色动画的学习,首先是从原型动作的制作开始。原型动作就是指有生命体在自然状态下的动作形态。这种动作形态是由自然进化和身体结构所决定的,并且动作有其自身的秩序性、时间性、力度感、平衡感、协调性等动态要素。这些都是我们在学习角色动画之前所要了解和掌握的运动规律,通过制作练习来进一步加深理解,并掌握其制作技巧。原型动作制作是动画师重要的基本功,动画片中大量的动作都是原型动作。然而,从表演艺术上讲,角色动画要通过动作来展现出角色的性格特征、情绪变化,传达出角色的思想、感情等信息。因此,要求某些主要动作要具有鲜明的个性表现,同时,还要加入情绪化、动作夸张等表演要素。这样,才能使动画角色的形象具有更加丰满、生动的艺术效果。因此,在原型动作的基础上进行动作变化又是动画师所要研究的重要课题。

有生命体在动画片中作为角色出现,动物角色要进行拟人化的艺术处理,即使是原形化的动物角色也要赋予人的情感、思想和性格。因此,角色的动作受其意识、心理、行为逻辑的支配。在动画片中,角色的动作就带有强烈的表演性。不仅如此,这些动作还充分夸张、极富变化,这就是动画角色动作的特点。

1.3.2 动画运动规律

动画运动规律是动画专业的一门理论课,它针对有生命体的运动与动作及其变化规律进行讲解。有生命体的运动按动画的专业分类叫作角色动画,角色动画是动画片表现的重点和难点。前面的课程中学习了动画解剖,对于角色的运动造型具有了基本的把握能力。动画运动规律就是在运动造型的基础上,进一步研究动态化视觉表现的问题。这就不是一个单帧画面的造型问题了,而是要表现一个完整的动作过程,因此,我们从静态教学进入到了动态教学。

运动规律教学多以循环动作作为切入点,研究它的运动表现规律。为什么要以循环动作作为切入点呢?循环动作是最基本的动作流形态,动作的节奏变化、姿态转换、衔接、组合都涵盖其中。循环动作还具有反向对称的关系,因此入手比较简单。角色的运动变化主要看动态视觉感,这在循环运动中可以充分表现出来,从而可以检查、评价变化效果,从中积累经验,为各种动作的设计打下基础。

动作的创意与创新是在原形动作的基础上进行变化后得来的。变化的手段是多方面的,比如频率变化、动作夸张、动作强调、分时变化等,运动才能有更好的视觉感受效果,动作的变化率也更加丰富。变化后的运动状态要具有个性特点、造型夸张、动作轻盈、有弹性、有力度,并且对运动状态的夸张表现要融入人对运动趋势或结果的视觉理解与心理预期,从而构成动画片重要的美学特征。通过对动作特征的放大与改变,出现了双跳步法、潜行、卡通跑、蹦跳行走等动画特有的动作形式。运动变化极大地丰富了动画的艺术语言,为动画艺术的发展注入了新的活力。

运动变化是运动规律教学中的难点,大量地进行各种尝试才会有新的发现,运动的变化给运动加入了复杂性。在动画中任何运动的可能性都存在,特别是卡通化角色、拟人化角色的应用极大地拓展了动作的创意空间。在这方面那些世界级的动画大师做出了很多贡献,在动画大师的作品中可以看到许多对动作的开发和创新。因此,我们在学习运动规律的同时,还要有目的地对大师作品进行拉片观摩,从中学习他们的创意经验、表现技巧和探索精神。

表演动作主要是由动机、造型、节奏、力度4个表现要素所组成的,而构成动画运动的4大表现要素是空间、时间、重量、流畅度。因此,对运动表现夸张与变化的研究也应该从上述几个方面入手并加以创新。

动画是一门假定的艺术,因此,这些角色的动作和运动也应用大量夸张与变形的手法来表现。这也是运动规律中要研究的主要内容。角色的类型不同,所采用的变化形式也不尽相同。但是,在变化中都要本着这样一个基本理念——将不可能的过程变得可信。因此,在运动和动作的设计上,要注意其运动属性与动作造型之间的相互配合。

动画角色极富夸张的动作拓展了动画片的艺术性、趣味性和想象力,给人们留下了难忘的印象。然而,在动画中不能用真实运动来表现,也不能套用日常生活中的运动与动作。而是采用经过艺术提炼、组织和美化了的人体动作。

1.3.3　动作关系

从三维角色动画制作上来讲,角色的动作具有组合性。如果将角色的上、下身动作进行不同组合就可以得到各种不同的动作组合变化。角色的动作还具有逐步叠加性,一个复杂的动作造型可以通过逐步叠加的办法来完成制作。角色的动作还具有连接性,可以通过动作片段的连接来形成一个完整的动作流。

在三维角色动画的制作中,角色的动作可以进行局部分解,即将角色的一部分动作从整体动作中分解出来。角色的动作还具有传递性,可以将一个角色的动作传递到另一个角色上。我们就是利用角色动作的这些特点来制作动画的。

1.3.4　动作制作练习

本章的制作练习是以循环动作作为切入点。循环动作是最基本的动作流形态,动作的节奏变化、姿态转换、衔接、组合都涵盖其中。对循环动作的制作要完成一个运动周期的动作变化,这样,动作才能无限循环下去。此外,人的循环动作还具有反向对称的关系,因此入手比较简单。通过本练习,要求读者熟练掌握非线编辑器的制作方法以及曲线图编辑器对动作对称性的修整。

1. 两足行走制作

两足行走动画是角色动画的最基本制作。人物行走运动是由人物行走的基本假设推导而来的,因此,首先要了解人物行走的基本假设。

两足(人物)行走的基本假设如下。

(1) 正常行走时两个脚的时间分配是相等的,即在一个运动周期中,两脚支撑身体的时间是相等的。因此,人物行走的运动周期的帧数都是偶数。

(2) 脚部抬起的时间等于脚部下落的时间。因此,要对腿的行走动作设置中间帧。

(3) 两足行走要表现重力的影响和运动的弹性,因此,要对人物行走运动设置高低位。

在基本假设的基础上,推导出两足行走基本定律如下。

两足行走第一定律:两足行走在一个运动周期中至少要有一个两脚落地帧。

两足行走第二定律:两足行走在一个运动周期中绝对不能出现两脚腾空帧。

两足行走动画制作的关键是对标准行走动作的掌握,即对基础5帧的理解,如图1-23所示。

2. 两足奔跑制作

两足奔跑是在两足行走动画基础之上的变换制作。在三维动画中要先制作出行走动画,在这个基础上再进行修改。

制作两足奔跑动画不能违反以下两个基本定律。

两足奔跑第一定律:两足奔跑在一个动作周期中至少要有一个两脚腾空帧。

行走动画的基础5帧

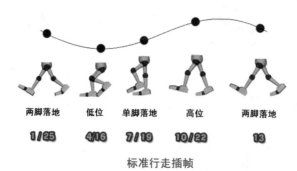

图　1-23

两足奔跑第二定律：两足奔跑在一个动作周期中绝对不能出现两脚落地帧。

因此，人物奔跑是在行走基础 5 帧上推导而来的。按照两足奔跑定律对行走基础 5 帧进行变换，变换结果如图 1-24 所示。

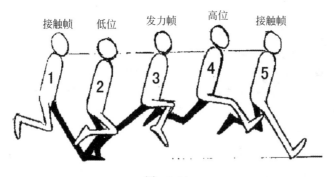

图　1-24

上述具体制作过程详见视频演示教程。

第 2 章　动画层工具

　　动画层也是角色动画制作的一个重要工具。它以独立分层制作的方式,并且通过层级之间的叠加来制作各种复杂的动作。这种叠加制作的方式是角色动画中深入制作的最佳方法,广泛地应用在各种独立的动作制作上。通过不断的叠加制作,可逐渐完成一个复杂的动作形态,这样就大大降低了动作制作的难度,并且修改起来特别方便。动画层工具也可以配合曲线图编辑器对动作进行精细调整与加工,并且可以将动作数据输出保存以备用。特别是当骨骼绑定时如果使用了插件,控制器中有了关联表达式,采用非线编辑器进行动作制作就会出现错误。在这种情况下,使用动画层工具来进行制作就可以避免这些错误的产生。因此,动画层是角色动画师必须掌握的制作工具。

　　动作可以在不改变原有动画或保持原有动画的基础上进行分层制作,一旦发现有不足,可以删除或关闭动画层,恢复原有的动画。动画层上可以调整权重,从而改变动作的幅度。动画层不但可以对动作进行这样的分层制作,还可以用来对动作进行分解制作。分解制作是角色动画中最重要的制作方法,利用动画层工具可以将角色的上下半身的动作分别制作成不同的动作段,再将它们相互组合起来,这样就可以获得更加多样的动作变化,并且提高制作效率。在动画层工具中进行分解制作,是灵活运用工具特性总结制作技巧的开始。这样的制作方法是我们在熟练掌握基本概念的基础上,进一步拓展思维的结果。因此,在本章里先从学习动画层工具的基本用法开始。

　　动画层与非线编辑器在制作角色动画上各具优势,因此,要针对不同情况来灵活地选择它们。特别是对于复杂动作的制作往往既要使用非线编辑器,又要使用动画层工具。这种动画层工具与非线编辑器的转换制作,动画师要熟练掌握。

 学习目标

　　(1) 熟练掌握动画层命令的基本用法。
　　(2) 熟练掌握动画层的约束动画与表达式动画的制作。

重难点

　　(1) 本章重点是动画层的 K 帧操作与曲线调整。
　　(2) 本章难点是动画层的烘焙操作。

训练要求

（1）熟练掌握动画层工具的应用方法。

（2）熟练掌握动画层与非线编辑器之间的转换制作。

2.1　动画层的特点

使用动画层来制作动画，其最大的特点就是可以分部制作。前面学习了非线编辑器的制作，是将角色的动作进行整体制作，然后创建动作片段，动作整体进行调速，这种方法非常适合于循环动作的制作。而对于复杂动作的叠加制作，使用动画层来制作就非常方便。

动画层与非线编辑比较具有以下几个特点。

（1）动画层由于保留着时间轴上的关键帧，因此对动作的修改非常方便。

（2）非线编辑器对于动作叠加的制作就很不方便。而动画层工具对动作叠加的制作既方便又直观。

（3）查看曲线图编辑器比较方便，选择动画层打开曲线图编辑器，这时曲线图编辑器只显示动画层中控制器的属性。

（4）可以简化 IK-FK 的动作转换制作。

（5）动画层不能制作动作连接。

2.1.1　动画层的基本概念

动画层工具位于通道框下侧，如图 2-1 所示。动画层工具是由层、工具和命令三个部分组成。从制作流程上讲，首先是创建动画层、制作动画层中的动画、编辑动画、合并动画，最后从动画层中输出动画。

1. 动画层的类型

创建动画层工具是位于动画层面板右上侧的按钮，如图 2-2 所示。动画层的创建与动画层的类型密切相关，因此，首先要弄清动画层的类型。

图　2-1

图　2-2

（1）**基础动画层**。创建动画层后会自动出现一个基础层，这个基础层内包括原有的关键帧动画。也就是说，动画层不一定是从零开始制作，也可以在原有动画的基础上进行制作，而已经有的动画就包含在这个基础层中了。

（2）**创建新动画层**。选择控制器后，单击"创建动画层"按钮 ，在基础层之上创建一个动画层并且将选择的控制器添加在其中。选择动画层可以看到此层中的控制器被激活。

（3）**创建空层**。单击"创建空层"按钮 ，可以在动画层面板上创建空层。空层相当于一个文件夹，可以对动画层进行分组管理。

2．动画层的基本操作

打开动画层工具，首先需要创建新的动画层。我们要在新的动画层中制作动画，因此，首先要对动画层的基本操作有所了解。

（1）**动画层的创建**：选择要进行动作制作的控制器，单击"创建动画层"按钮，在动画层面板中就创建了一个含有这些控制器的动画层。双击动画层可以对这个动画层重新命名。

（2）**动画层的切换**：单击动画层，动画层后面会出现一个绿色亮点，说明动画层处于工作状态。在时间轴右侧有一个动画层选择器，在这里也可以选择切换动画层。如果选择了动画层中的控制器，该动画层也可以被激活。

（3）**动画层的排列**：选择动画层，单击动画层排列按钮 和 ，可以对动画层进行上下位置的排列。

根据需要可以创建多个动画层，每个动画层中的动画都是由上至下叠加的。因此，排列动画层很重要，不同的层排列可以产生不同的动画效果。这是动画层制作动画的第一步。

2.1.2 动画层的工具

在动画层面板的左上侧有动画层的工具，如图 2-3 所示，这些工具是用来制作关键帧动画的。在每个动画层中，可以针对角色的控制器来制作关键帧动画。然而，这些动画是由上向下叠加的，因此，在制作过程中常常需要变化动画层的排列，并观察动画效果。

1．动画层动画的制作

动画层动画的制作也是 K 关键帧动画，但是，它的 K 关键帧有不同的制作方式。通常的制作方法是选择控制器然后在所在的动画层中应用一般的 K 帧方法来制作关键帧动画。这样制作后，每个动画层中的动画都是独立的。如果要完成与已有的动画叠加，就要了解以下的 K 帧方法。

图 2-3

（1）**归零 K 帧** 。在动画层中如果设置了动画，可以通过归零 K 帧来进行动画层动画与下面动画层动画的叠加。归零 K 帧就是将下面动画层的关键帧动画复制到工作层中，它是两层动画叠加的基础。如果不用归零 K 帧，那么两层关键帧就是相互独立的。使用了归零 K 帧，两层关键帧就能达到无缝合并的效果。

（2）**权重为零 K 帧** 。选择动画层中的关键帧，单击"权重为零 K 帧"按钮，那么动画层中这个关键帧的权重就为零了，其属性值没有变，但是动画效果没有了。因此，权重为零 K 帧是一种修改关键帧效果的工具。

（3）**权重为 1 K 帧** 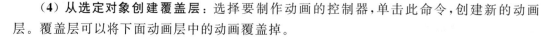。与权重为零 K 帧作用相反：选择动画层中权重为零的关键帧，单击"权重为 1 K 帧"按钮，该关键帧的权重就恢复为 1，动画效果也恢复了。

（4）**权重调整工具**。在动画层面板的下部有一个权重调整工具。选择动画层调节此滑杆可以调整动画层中的整体动作幅度。权重调整工具是可以添加关键帧制作的，但是基础动画层是不能调整权重的。

这几个关键帧工具主要是用来完成动画层之间的动画叠加，但是使用了这些工具后，关键帧就不能被删除了。一旦制作中出现错误，只能删除动画层重新制作，因此要熟练地掌握它们。具体操作方法见视频演示教程。

2. 动画层的查看

当创建了动画层后，在动画层的前面会出现 4 个按钮，这 4 个按钮也是动画层工具。

（1）**锁定层** 。单击此按钮后，在该动画层中就不能进行任何关键帧操作了。同时，还关闭了该动画层上的关键帧显示。播放动画，该层的动画无作用。

（2）**SOLO 层** 。激活此按钮后，就只显示该动画层中动作和基础动画层中的动作，而关闭其他动画层中的动作。

（3）**禁用层** 。激活此按钮后，将关闭该动画层中的动作。

（4）**重影/颜色层** 。用于与基础动画层之间的比较。激活此按钮后，并且激活基础动画层的这个按钮，播放动画时可以看到动画层中的控制器以红色显示，并且有脱离骨骼的现象，这就是动画层与基础动画层之间动作的差值关系。

通过分层观察，可以检查动画层中的设置情况和动作效果，从而能够更深入地制作动画。

2.1.3 动画层的命令

动画层的命令位于动画层面板的上部，由层、选项、显示、帮助 4 个菜单组成，如图 2-4 所示。其中的常用命令也可以在激活动画层后，通过单击鼠标右键快捷显示。

这些命令的用法和操作如下。

1. 层

"层"中的命令如图 2-5 所示。

（1）**创建空层**：单击此命令，可以创建一个空的动画层，并且同时创建一个基础动画层。空动画层相当于一个文件夹，可以对动画层进行分组管理，此命令相当于"创建空层"按钮。

（2）**从选定对象创建层**：选择要制作动画的控制器，单击此命令，创建新的动画层。在这个动画层中可以对选择的控制器制作动画，此命令相当于"创建动画层"按钮。

（3）**创建覆盖层**：单击此命令，可以创建一个空的覆盖形式的动画层。

（4）**从选定对象创建覆盖层**：选择要制作动画的控制器，单击此命令，创建新的动画层。覆盖层可以将下面动画层中的动画覆盖掉。

图 2-4

（5）**创建层选项**：这里有 5 个选项，仅对于覆盖形式的动画层有效。这里的命令用于设置默认动画，如需切换这 5 个选项，要由后面的"缩放积累"和"打包到资源中"两个命令来配合操作。

① **穿过**（仅覆盖模式）：默认。

② **旋转积累按组件**：选中此项，旋转动画按欧拉旋转制作（默认）。

③ **旋转积累按层**：选中此项，旋转动画按四元旋转制作。

④ **缩放积累相乘**：选中此项，缩放动画按相乘模式制作（默认）。

⑤ **缩放积累相加**：选中此项，缩放动画按相加模式制作。

（6）**添加选定对象**：激活动画层，选择控制器后单击此命令，可以将选择的控制器添加到该动画层中。也可以将控制器的某个属性添加到该动画层中。

（7）**移除选定对象**：激活动画层，选择控制器后单击此命令，可以将选择的控制器从该动画层中移除。

（8）**提取选定对象**：选择有动画的控制器，单击此命令创建一个新层。这样就将这些控制器提取到这个新层中。这是复杂动作在制作中很重要的一种方法，可以方便地调整动作权重。

图　2-5

（9）**选择对象**：选择动画层，执行此命令，那么，动画层中所有包含的控制器都将被选择。因此，这是一个经常使用的查看命令，目的是查看动画层中有哪些控制器。

（10）**复制层**：选择有动画的动画层，单击此命令，在该动画层的上面将出现一个复制的动画层。

复制动画层的意义在于：当动画层中的动作需要修改时，可对动画层进行复制。关闭动画层在复制层中修改，如果动作被破坏，可以删除复制层再进行复制修改，以保护原有动作。

（11）**复制层**（无动画）：选择空层，单击此命令可以复制出一个新的空层。

（12）**合并层**：选择两个要合并的动画层，执行此命令，可以将两个动画层合并。

（13）**为选定对象提取未分层的动画**：选择控制器，执行此命令，在基础动画层上面将出现一个提取层，所有选择控制器都在这个提取层中，并且这些控制器的关键帧也被提取到提取层中了。

（14）**为所有对象提取未分层的动画**：选择所有的控制器，执行此命令，在基础动画层上面将出现一个提取层，所有的控制器及其关键帧动画都在这个提取层中，而基础动画层成了没有任何控制器的空层。

（15）**全选**：执行此命令，可以全选所有动画层。

（16）**选择分支**：如果将若干动画层放在空动画层中，成为动画层组，这些动画层就是分支。选择空动画层，执行此命令，可以选择其中的所有动画层。

（17）**选择层节点**：选择动画层，执行此命令，可以在通道框中看到该动画层的节点。

（18）**导出层**：选择有动画的动画层，单击此命令，可以将动画层的数据保存在文件夹中。（导入方法：执行主菜单中"文件"→"导入"命令，选择动画层保存文件即可将动画层导入到场景文件中。）

（19）**导出分支**：选择空层即动画层组，单击此命令，可以将动画层组的数据保存在文件夹中。（导入方法：执行主菜单中"文件"→"导入"命令，选择动画层组保存文件即可将动画层导入到场景文件中。）

（20）**成员身份**：单击此命令，可以打开动画层关系编辑器，在其中可以添加或移除动画层中的控制器或控制器属性。

（21）**属性编辑器**：选择动画层，单击此命令，可以打开动画层的属性编辑器。

（22）**删除**：选择动画层，单击此命令，可以将选择的动画层删除。

（23）**清空**：选择动画层，单击此命令，可以将选择的动画层清空变成空层。

（24）**删除空层**：选择空层，单击此命令，可以将选择的空层删除。

（25）**层模式**：有以下三种选择，这三种选择与层的排列位置有关。

① **相加**：即动画层中的动作与其他动画层的动作是相加的关系（默认）。

② **覆盖**：即动画层中的动作与其下面动画层的动作是覆盖的关系，即上面的动画层动作覆盖掉下面动画层的动作。

③ **穿过**：在覆盖模式下选中此项，上面的动画层动作将穿过下面动画层的动作。

（26）**旋转累积**：仅对旋转属性有效。Maya中的旋转分为以下两种类型。

① **按组件**：将旋转动画切换为欧拉旋转制作。如果旋转动画是以四元旋转制作的，选择有旋转关键帧的控制器，选中此命令，旋转动画将由四元旋转切换为欧拉旋转。

② **按层**：将旋转动画切换为四元旋转。比欧拉旋转要圆滑，选择有旋转关键帧的控制器，选中此命令，旋转动画将由欧拉旋转切换为四元旋转。

（27）**缩放累积**：仅对动画层之间的缩放有效，用于镜头表现制作。

① **相乘**：如果缩放动画是以相加模式制作的，选中此项可以切换为相乘模式，缩放变化较夸张。

② **相加**：如果缩放动画是以相乘模式制作的，选中此项可以切换为相加模式，缩放变化较柔和。

（28）**打包到资源中**：选择动画层和控制器，执行此命令。这个命令要配合超图来使用，创建动画层后控制器通道框属性将变为黄色，这说明属性被动画层属性连接了，不能再对属性进行操作，但通过这个命令在超图中能够展开控制器，可以找到控制器的属性。

2. 选项

"选项"菜单如图2-6所示。

（1）**选定层中的关键帧**：选中此项，选择控制器。当选择该控制器所在的动画层时，该动画层变为激活层，在时间轴上可以显示该动画层中的关键帧。

（2）**上一活动层中的关键帧**：选中此项，选择控制器。当选择该控制器所在的动画层时，在时间轴上不但显示该动画层

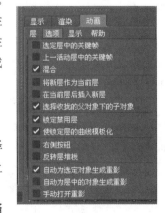

图 2-6

中的关键帧,还同时显示其上一动画层中的关键帧。

（3）**混合**：选中此项,选择控制器。当选择没有此控制器的动画层时,邻近的含有此控制器的动画层被激活,并在时间轴上显示其中关键帧。

（4）**将新层作为当前层**：选中此项,当创建动画层时,可将新层作为当前层。

（5）**在当前层后插入新层**：选中此项,当创建动画层时,可在当前选择层后面插入新动画层。

（6）**选择收拢的父对象下的子对象**：选中此项,当选择收拢的动画层级时,会选择到其中的所有子动画层。

（7）**锁定禁用层**：选中此项,当点击动画层左侧禁用按钮时,可同时激活其锁定按钮。

（8）**使锁定层的曲线模板化**：选中此项,可使锁定的动画层中的运动曲线呈模板化显示。

（9）**右侧按钮**：选中此项,动画层左侧的四个图标按钮转到动画层的右侧。

（10）**反转层堆栈**：选中此项,动画层由下至上排列转为由上至下排列。

（11）**自动为选定对象生成重影**：选中此项,激活重影按钮,当选择一个控制器时,就会生成它的重影。

（12）**自动为层中的对象生成重影**：选中此项,激活重影按钮,当动画层中有多个控制器时,所有控制器都会生成重影。

（13）**手动打开重影**：选中此项,重影按钮才会起作用。

3. 显示

"显示"菜单如图 2-7 所示。

（1）**所有受影响层**：选择控制器,勾选此项,这时包含这个控制器的动画层被显示,而其他层隐藏。

（2）**所有层**：选中此项,显示所有的动画层。

（3）**其他动画工具**：略。

（4）**名称空间**：选中此项,可为动画层命名。

（5）**浮动窗口**：选中此项,可以将动画层面板复制并浮动出来。

4. 帮助

（略）

图 2-7

2.2 动画层制作流程

在熟悉了动画层的基本概念和命令之后,还要了解动画层的基本操作流程和基本制作方法。动画层工具可以对角色模型上的控制器分别创建动画层,将角色的动作放在不同的动画层中来 K 帧制作。如果制作中出现错误,可以将动画层删除,重新创建动作。因此,使用起来十分方便。

2.2.1 动画层的基本制作流程

动画层是针对控制器来制作关键帧动画的,它的基本制作流程通常是：创建动画层,制作动画层中的动画,修改动画,合并动画,最后输出动画层中的动画。

1. 制作动画

在对角色控制器创建了动画层后就可以进入动画层进行动画制作了。选择角色模型上的控制器创建动画层,这时会出现一个基础动画层和一个动画层。如果在创建动画层之前角色已经有了关键帧动画,那么,这部分动画会自动保存在基础动画层中。而新创建的动画层就是含有所选控制器的动画层,在这里可以对所选控制器进行关键帧动画制作。

在动画层中制作关键帧动画与正常操作一样,选择动画层后,调整控制器的属性并 K 关键帧,可以按 S 键。如果动画层中的动作要与下面基础动画层中的动作结合,就要在结合点处 K 归零关键帧。但是,要注意的是动画层中的关键帧有时是无法删除的。如果 K 帧有问题,要删除关键帧,就只能删除动画层重新来制作了。因此,需要在练习中逐渐掌握它的制作规律。再一个需要注意的问题是,千万不能在基础动画层中制作或修改动画,这样会破坏基础动画。

无论怎样创建动画层,动画层之间都是按照上下的关系进行排列。因此,动画层制作动画是一种叠加制作,我们先有这个概念,通过后面动作连接、动作叠加的讲解读者会更清楚地认识这个问题。这种制作方法在非线编辑器中是不多见的,如果在非线编辑器中将两个动作片段呈上下重合排列,动作就会发生错误的变形。

2. 修改动画

在动画层中制作关键帧动画,特别是使用了 K 帧工具之后,时间轴上的关键帧就不能删除了。如果要修改动画层中动画的关键帧,可以在曲线图编辑器中进行修改。因此,曲线图编辑器又是配合动画层制作的一个重要工具。

上面所说的是针对动画层中关键帧的修改。如果要对动画层中这个动作进行修改,但把握不大怎么办? 可以首先选择这个动画层,执行"复制层"命令,这样就复制出了一个动画层,激活动画层的"禁用层"按钮,在复制层中修改动作。如果修改结果满意,就删除动画层,使用复制动画层。如果修改结果不满意,就删除复制层重新制作。

3. 合并动画

合并动画就是将各个动画层中的动画逐一合并到基础动画层中。具体的操作方法是:选择两个相邻的动画层,右击执行"合并层"命令,两个动画层就变成了一个动画层,其中的动作也合并到一起了。合并动画层也可以选择多个相邻的动画层来合并,但是要注意合并后的动画效果。这是动画制作中非常重要的一步,合并动画后,整个动画都合并到基础动画层中,即只有一个动画层了。但是从动作上看,动作合成了一个整体动作。

关键是动画层工具在合并动画之后,还可以利用提取命令来将上、下半身的动作分开,这样就可以再应用导出导入命令将上、下半身的动作保存到硬盘上,继续制作下去就可以得到多种上、下半身的动作组合。这种组合制作方法是动画层工具的核心,通过练习读者要熟练地掌握这种制作方法。

4. 输出动画层动画

输出动画层动画是将基础动画层中的动画输出,使动画数据完全离开动画层工具。这是动画层工具制作动画的最后一步。完成了这一步,动画就可以离开动画层进入非线编辑器来进一步编辑了。

怎样输出基础层中的动画呢? 具体的操作步骤如下。

(1) 执行主菜单"窗口"→"关系编辑器"→"动画层"命令,可以打开动画层编辑器。

（2）打开动画层编辑器后，在动画层编辑器左侧可以看到只有一个基础动画层。

（3）选择这个基础动画层，使其高亮显示。执行动画层编辑器中左侧"编辑"→"删除亮显对象"命令，即可将基础动画层删除。

在动画层面板上没有了基础动画层，但是角色仍然保持着动画状态，这样就完成了动画层制作动画的输出过程。

2.2.2 动画层的导出与导入

在2.2.1节中介绍了动画层的导出与导入的意义，就是为了配合组合制作而设立的一个必要环节，有了导出与导入就可以进行组合制作了。

1. 动画层的导出操作步骤

如果要将某个动画层中的动画数据单独保存起来，就可以选择这个动画层，执行"导出层"命令。这样就打开了项目文件夹中的clips文件夹，在这里为动画层数据起名保存即可。

2. 动画层的导入操作步骤

单击主菜单中"文件"→"导入"命令，可以打开clips文件夹，选择要导入的动画层数据打开即可。

动画层的导入与导出首先是针对特定的骨骼模型和控制器，其次是针对特定的动画层。也就是说，要正确地使用导出与导入，那么在操作过程中要注意以下几点。

（1）导出与导入的动画层名称不变。

（2）导出与导入动画层中的控制器的数量不变。

（3）导出与导入动画层中的控制器的命名不变。

动画层的导入与导出还要对应于创建文件，不要把这个场景的动画层文件导入到其他的场景文件中。

2.2.3 添加、移除与提取

创建了动画层后，执行主菜单"窗口"→"关系编辑器"→"动画层"命令，可以打开动画层关系编辑器，如图2-8所示。在编辑器的左侧是动画层的名称，单击前面的＋号可以展开动画层中所包含的控制器名称及属性。因此，动画层编辑器首先是一个查看工具，可以看到每个动画层中都包含哪些控制器。

图 2-8

在场景中选择一个控制器,编辑器的右侧就显示出这个控制器的名称。单击名称前面的＋号,就展开了这个控制器的所有属性。如果在编辑器的左侧选择一个动画层,在编辑器的右侧依次选择控制器的属性呈高亮显示,那么这个控制器就被添加到左侧的动画层中了。因此,动画层编辑器又是一个添加工具,它可以将控制器添加到动画层中。当然,动画层编辑器也可以添加控制器的部分属性,这样,在制作动画时就很方便。

动画层编辑器也是一个移除工具。当我们要将动画层中的某个控制器移除时,在动画层编辑器左侧选择动画层,在场景中选择控制器,在动画层编辑器右侧展开控制器属性,去除其高亮显示,这样,控制器就从动画层中移除了。

提取也是动画层制作中常用的一种手段。通常提取多用于动画层合并之后,具体的操作方法是:在基础动画层中选择角色上半身的所有控制器,然后执行"提取选定对象"命令,这时,在基础动画层的上面又创建了一个新动画层,而所选择的控制器就在这个动画层中。特别是控制器上所有的动作关键帧也被提取到这个动画层中了,这样就将角色上下半身的动作分解开了。再配合动画层的导出与导入的操作,就可以对角色的上下半身制作出多个动作段,再将它们形成不同的组合。这样就能够得到多种多样的组合形式来丰富动作。这样的制作方法在角色动画制作中经常使用,是一种非常有效的方法。

2.2.4 动画层的权重

权重是动画层工具中很重要的一项调整,动画层的权重可以影响动画层中动作的幅度。完成动画制作后,拖动动画层调整面板下面的权重滑块可以调整动画的幅度。如果复制动画层,那么两个相同的动画层叠加后,动画的幅度就提高一倍。

我们知道提取是一种分解动画的方法,提取出来的动画层可以通过权重滑块来调节分解动作的幅度,这也是动画层制作中常用的方法。注意:基础动画层是不能调整权重的。因此,除了基础动画层外,每个动画层都可以设置权重,并且权重是可以设置关键帧的,可以在权重滑块处设置关键帧,也可以通过动画层的 K 帧工具来设置关键帧权重。

当权重 K 帧设置出现问题时,怎样来恢复初始权重呢?操作如下:选择要恢复权重的动画层,右击执行"属性编辑器"命令,打开动画层属性编辑器,在其中可以看到权重值呈红色底色。选择权重后右击执行"断开连接"命令,权重值底色去除。拖动权重滑块到 1 即删除了权重的关键帧设置,并恢复了初始权重。

2.3 约束动画与表达式动画

动画层工具不仅在叠加制作上具有优势,在制作约束动画和表达式动画时也非常方便。当角色手持道具做出动作时,那么道具的运动就是一种约束动画。这种动画与角色动作既相互关联,有时又与角色动作分离开来,这就是约束动画的特点。因此,关联与分离的时间点设置是约束动画制作的核心。

在动画层中也可以对表达式动画进行制作。表达式动画是一种动画的特殊制作形式。通过对动体的某个属性写入表达式,就可以获得这个属性上的某种运动。表达式动画可以在整个时间轴上产生动画,但是,在时间轴上却没有任何关键帧标记。这是表达式动画的一个特点,我们可以针对这个特点来制作表达式动画,并把它转换成关键帧动画。

2.3.1　动画层与约束动画

利用动画层工具来制作约束动画是非常方便的,这也是动画层工具的一大特色。一般情况下,被约束物体是不能直接制作 K 帧动画的。如果在被约束物体上 K 关键帧,则被约束的属性就会被破坏,有了动画层就可以方便地解决这个问题了。

约束动画制作的基本概念是:先完成约束体的动画制作,然后进行约束设置。选择被约束体创建动画层,在动画层中完成约束关系的变化。

约束动画的制作步骤如下。

(1) 首先要完成手部动画的制作。

(2) 设置道具与手的约束。设置了道具与手的约束后,无论手部动画如何变换,道具与手都始终处于约束状态。

(3) 选择道具为它创建一个动画层。

(4) 在这个动画层中对道具进行关键帧设置。如果是道具脱手就用归零关键帧工具 K 帧,如果是道具入手就不用 K 帧了。

通过以上制作就完成了约束关系的制作,如果要导出约束动画,必须先烘焙关键帧,否则就会出现错误。详见视频讲解。

2.3.2　动画层与表达式动画

表达式动画是 Maya 动画制作方式中的一种。通过对物体某一个属性写入表达式,可以不 K 关键帧而使物体产生动画效果。这种动画方法在角色动画制作中也经常使用,用来制作某些抖动或颤动的动作效果。这种动作效果只有用表达式才能制作出来。

但是,在动画层工具中使用表达式动画就麻烦一些。当我们对某个物体创建动画层后,它的通道框中的属性将变成黄色底色,这是因为物体与动画层发生了连接,这样的属性是不能在通道框中直接写入表达式的。要创建表达式动画就需要进行以下操作。

表达式动画的制作步骤如下。

(1) 首先,选择要写入表达式的控制器创建动画层。选择动画层再选择控制器,这时控制器通道框属性是黄色的,因此不能直接写表达式。

(2) 选择控制器打开它的属性栏,找到要写入表达式的属性,右击执行"动画层输出"命令,进入它的下一层级。

(3) 找到输入节点,右击执行"创建新表达式"命令。

(4) 打开表达式设置面板,写入表达式。

当完成编写后,写有表达式的属性呈紫色底色。创建表达式后,在时间轴上没有任何关键帧标识,但是在整个时间轴上却产生了动画。这是表达式动画的一个重要特点,操作过程详见视频演示教学。

如果要导出带有表达式的动画层数据,也必须先烘焙关键帧,否则就会出现错误。

2.3.3　关键帧烘焙

对于约束动画和表达式动画的制作,在合并动画层之前需要进行关键帧的烘焙。这样可以保证在合并动画层时不会出现问题。如果对约束动画层或表达式动画层的动画数据进行导出和导入,也需要对其关键帧先进行烘焙。因此,关键帧烘焙是约束动画和表达式动画制作中必不可少的制作环节,必须要熟练掌握它才能完成各种复杂的制作。

约束动画的烘焙比较简单。当完成了约束动画的制作后,在时间轴上可以看到关键帧标记,说明这种动画在曲线图编辑器中是有动画曲线的,曲线图编辑器中有烘焙命令,因此这种动画可以在曲线图编辑器中来进行关键帧烘焙。

约束动画的烘焙步骤如下。

(1) 约束动画制作完成后,选择被约束物体,打开曲线图编辑器。

(2) 在曲线图编辑器左侧找到物体所在动画层,选择物体属性可以看到动画曲线。

(3) 选择物体的动画层,执行"曲线"→"烘焙通道"命令,在对话框中设置采样频率。

当完成烘焙后,在时间轴上可以看到有大量的关键帧标记。播放动画时,可以看到有些动作段上产生了一些小问题,这是由于关键帧上的权重所引起的,可以利用曲线图编辑器对这些关键帧再次进行修改。

在动画层工具中制作表达式动画,在整个时间轴上将产生动画,但是却在时间轴上没有任何关键帧标记。在曲线图编辑器中也没有动画曲线,这种情况就比较复杂,无法利用曲线图编辑器来烘焙关键帧。

在主菜单上有"编辑"→"关键帧"→"烘焙关键帧"命令,使用这个命令可以对表达式动画进行关键帧烘焙。但是,这个命令是有严格规定的。当我们单击命令后面的设置,在对话框中可以看到它只能对通道框中的属性进行烘焙。而动画层中的通道框呈黄色底色,这样是不能直接烘焙的。要使用这个命令来烘焙表达式动画,可进行以下操作。

表达式动画的烘焙步骤如下。

(1) 首先,要在动体的属性栏中找到写入表达式的属性。

(2) 在属性栏中复制节点名称,在选择器中粘贴节点名称后按回车键。这样,写入表达式的属性就调入到通道框中来了。

(3) 选择通道框中的属性,执行主菜单中"编辑"→"关键帧"→"烘焙模拟"命令,在对话框中要选择"来自通道"盒一项,单击"应用"即可。

通过上面的操作,选择动画层后,在时间轴上就可以看到关键帧了。这说明烘焙已经成功了。

2.4 动画层的配合制作

动画层工具和非线编辑器、曲线图编辑器都是角色动画制作的工具,它们之间的配合使用能够使动作制作得更加完善、到位。这三个工具是互为补充的制作手段,要熟练掌握它们的使用,首先要清楚它们各自的优势和不足,并且知道在制作中要注意哪些问题。

2.4.1 动画层与曲线图编辑器的配合使用

动画层中的关键帧不能删除,只能利用曲线图编辑器来辅助修改,因此,从这一点上讲,动画层与曲线图编辑器是一对儿密不可分的制作工具。在动画层工具中使用曲线图编辑器十分方便,因为在曲线图编辑器中,只显示动画层中控制器的运动曲线。通过处理曲线上关键帧的整理,达到调整曲线形态、修改曲线平滑度的目的,从而使动作更有细节。

曲线图编辑器可以针对不同的动画层来修改关键帧。但是,如果在动画层中有归零关键帧或权重关键帧,就需要将这两种关键帧转化为普通关键帧后才能对其进行修改,否则就会出现动作错误。转化的方法是在这个动画层的下面再新创建一个动画层,选择新建动画层,执行"清空"命令。然后选择这两个动画层,执行"合并层"命令。这样,动画层中的归零关键帧或权重关键帧就转化为普通关键帧了。再使用曲线图编辑器对关键帧进行修改。

2.4.2 动画层与动作片段的转换

动画层与非线编辑器是制作角色动画互为补充的两个重要工具。相对非线编辑器而言,动画层虽然可以利用叠加的方法对动作进行深入的制作,但是对动作的调速、循环、剪切等操作就很不方便了。因此,在角色动画制作中,常常是两种工具交叉使用,扬长避短。

非线编辑器制作循环动作无疑有它的优势,同时它也是制作动作连接的主要工具。而动画层对于组合制作动画是非常方便的,并且是动作叠加制作的主要工具。但是,动画层工具不能制作动作连接,因此,只能一段一段地来制作动作段,然后进入非线编辑器来连接。因此,要完整地制作出一个动作流就要两个工具配合使用。

应用两个工具配合制作时,主要的操作在于它们之间的转换上。在操作中要注意以下几点。

(1)当动画在非线编辑器中转入到动画层制作时,要合并动作片段并且激活动作片段转为关键帧。删除动作片段,并且要删除角色集。

(2)当动画在动画层中转入到非线编辑器制作时,要合并动画层,并且在动画层关系编辑器中将基础动画层删除。

转换的原则如下。

(1)要针对关键帧动画进行转换。

(2)要针对整体动作进行转换,不能对每个分支动画层中的动作进行单独转换成动作片段。

(3)动画层中如果有权重调整必须合并后才能进入非线编辑器转换成动作片段。

(4)动画层中如果有约束动画或表达式动画要经过烘焙后才能进入非线编辑器转换成动作片段。

在转换上要严格按照规范来操作,否则,在后续的制作过程中就会发生错误。动画层制作动作一般不能作为动画资源来形成动作库,因此,将动画层动作转入非线编辑器是一个很重要的操作,一定要熟练掌握。

第3章　分镜头

动画影片属于电影的范畴,电影自发明以来已走过了百年历史,在发展过程中逐渐形成电影学、电影美学、编剧学、导演学等专业学科。电影学的一些理论、研究方法和基本规律对动画影片都是适用的。也可以这样讲,动画影片也是依据电影的一般规律及表现方式来进行创作的。

一部动画电影的创作是从电影剧本的写作开始的。电影剧本的写作应具有这样的结构:一部电影—段落—场面—片段,并且有明确的叙事链和逻辑链。然而,电影的拍摄与制作是以镜头为单位的,因此在拍摄之前必须将剧本的情节镜头化,这个过程就是分镜。即根据电影剧本所提供的思想与形象经过总体的艺术构思,将影片的文学内容分切成一系列的镜头视觉画面,通过分镜头的方式予以体现,塑造成为未来影片中声画结合的银幕形象。因此,电影是镜头的表现艺术。影视艺术最基本的表现单元是镜头,每个镜头的表现力决定了整部电影的艺术质量。

在分镜头剧本的编制中,依据剧本段落结构已经完成了:镜头长度划分、镜头画面内容、镜头调度、场景变化、色调变化以及镜头组接方式等视听要素的设计。因此,分镜头剧本已经体现出对一部动画片的视觉艺术构思和基本表现风格的确定。分镜头不仅决定了整部电影的艺术质量,同时,分镜头又为动画制作提供了参照系。

然而,在三维动画片的制作中,不是完全针对分镜头来进行制作的,而是在分镜头的基础上转化为适应于计算机操作的动画制作单元。这些制作单元既能够体现出分镜头的表现风格,又能够使角色动作连贯并且与剧情不产生脱节。角色动画师是从事动态部分制作的,他的制作与分镜头的关系密切。因此,作为一名角色动画师必须要了解分镜头,灵活地运用分镜头知识来制定自己的制作单元。只有具备这样的专业素质,才能成为一名合格的动画师。

 学习目标

(1) 建立起镜头的理念,能够通过对电影的观摩对镜头做出判断。

(2) 对剧本的基本结构有正确的认识。

(3) 熟练掌握镜头特性、镜头景别划分和镜头的基本运动方式。

重难点

(1) 本章重点是理解三维动画的制作单元与分镜头的基本概念。

(2) 本章难点是区分在制作过程中二维动画与三维动画分镜头的不同。

訓练要求

（1）能够对三维角色动画的制作单元进行划分。

（2）能够对三维角色动画的制作与输出有清晰的认识。

3.1 分镜头的概念

我们在观看电影时,看到的是一个一个的镜头。这些镜头的组接没有使我们感到突兀,而是自然流畅地展现画面。这是镜头蒙太奇在起作用,加之我们头脑中对情节联想的结果。在制作动画的过程中,也是一个镜头一个镜头地制作,然后再将它们连接起来构成整部电影。因此,镜头的正确划分是体现一部电影艺术表现力和制作水平的关键。分镜头是动画影片制作的基本单位。

3.1.1 影视艺术的基本表现手法

影视是一种大众化艺术,也是一种叙事艺术。一部影视作品包含主题、人物、情节、结构、语言等视听要素,相比其他艺术来讲,影视艺术有它自身的表现特点。

（1）**影视是造型与叙事相结合的艺术**。通过镜头造型性的画面展现人物的视觉形象,影视剧要用具有视觉造型性的画面去讲故事。

（2）**影视是画面与声音相结合的艺术**。声音与画面的结合更加强了影片的真实感。同时各种音响的加入对情节起到了烘托作用。

（3）**影视是时间与空间相结合的艺术**。相对于其他艺术形式而言,影视的时间与空间的转换更加自由。

以上这些特点在影片的具体创作中都离不开视听语言的基础——蒙太奇艺术表现手法。因此,电影艺术的表现手段可总结为4大类:造型,音响,表演和蒙太奇。其中,蒙太奇是影视艺术区别于其他艺术形式的特殊表现手段,是影视艺术的独立语言。无论是造型与叙事、声画结合还是时空的转换都离不开镜头画面或声音的组接与转换。这些视听要素的分解与组合就是蒙太奇。

"蒙太奇"一词来自于法语,意思为拆分与组合。在电影中存在着很多视听要素间、情节要素间的拆分与组合,凡是涉及拆分、组合的创作方法都被称为蒙太奇。蒙太奇理论诞生于苏联,产生于著名的库理肖夫实验。早期的电影主要是记录式或依据戏剧的样式来进行拍摄的,当然造型、音响、表演这三个要素是存在的并通过镜头来表现。库理肖夫将几个毫无关联的镜头进行了重新组接,放映后镜头的并列产生了意想不到的效果,且通过观众的联想产生了第三种效应——即两个镜头分别播放所不能产生的效应。库理肖夫实验奠定了蒙太奇理论的基础。在电影中蒙太奇的运用使得画面更具表现力,画面与声音的结合具有多样化,时空转换更加自由,进而推动了叙事节奏。

蒙太奇的出现使得早期的电影摆脱了单纯的记录式拍摄,使电影进入了表现艺术的时代。蒙太奇观念被引进电影之后,镜头的切分重组、视角的多向变化与对时空的灵活转换等成为电影的基本表现手段,电影的美学特质才得以确立。从视听要素上划分,凡是有组接、转换就有蒙太奇效应在其中。影视作品中涉及的组接与转换的要素很多,那么每一种组接与转换都有相应的蒙太奇效应。镜头的组接与转换产生了镜头蒙太奇,声音的组接与转换产生了声音蒙太奇,正是由于蒙太奇手法的大量运用,才使得电影具有了独立的艺术语言,摆脱了戏剧表演样式的制约。动画电影的发展也由独幕剧的形式逐渐发展成为今天的动画电影。

3.1.2 电影剧本的基本结构

一部电影的创作首先是从电影剧本的写作开始的,但它的写作与一般的文学写作有所不同。在表现方法上,电影剧本的写作不同于写小说,原因如下。

(1)它不进行角色内心活动的描写。如果要揭示角色的内心活动,就要通过角色的肢体动作、说话语气、面部表情等表演手段来展现。

(2)电影剧本也不同于散文,抒情性的描写不适于剧本的写作。如果有抒情的需要也是通过画面联想来达到抒情的目的。

(3)故事发展的逻辑关系是电影叙事的主线索。然而对于结果的起因,不是用文字描写而是靠情节铺垫。

电影剧本要求按照电影文学的写作模式去创作。即通过画面信息来讲述故事,并用视听语言和时空结构去构思与创作剧本。它的写作虽然比较直白,但带有较强的视觉效应和画面效应。它要求故事结构严谨、逻辑清晰、情节详细、时空关系具体,而最忌讳的是用夸张性、议论性、比喻性、象征性的语言来描写。并且也不需要对人物的性格、服饰道具以及背景等进行详细描述,这些都要通过表演或视觉造型手段直接传达给观众。

电影剧本在故事构思的基础上不仅要使故事链清晰、逻辑性强、写作架构符合电影剧本的结构,而且要在叙事过程中逐渐明确角色以及角色之间的关系,明确故事背景、事件发生时间、地点等故事要素,为下一步的分镜头剧本及视觉设定环节奠定基础。目前,对于电影剧本的蒙太奇结构设计多以苏联电影理论家普多夫金对电影剧本蒙太奇的结构划分作为参照。

普多夫金认为一个真正能用来拍摄电影的剧本,必须具备电影的基本结构:一部电影—段落—场面—片段—镜头。这样的结构才能精确地说明每一个镜头的内容以及它在一个段落里的地位。电影的叙事结构才会紧凑、流畅,故事情节环环相扣。

回到剧本基本结构的概念上来,一部动画电影的结构为:一部动画片—段落—场面—片段—镜头。即一部动画片由若干段落组成,每个段落由若干场面组成,每个场面含有若干情节片段,而每个情节片段又是由若干个镜头来表现的。那么可以简而言之,电影是由镜头组成的。因此,我们有必要先认识镜头。

一部电影是由若干镜头连接组成的,镜头之间的连接称为镜头的切换。镜头的切换反映在我们视觉上的结果就是画面的构图关系发生了变化,这种变化是由于镜头之间的视角与视距的不同而造成的。因此,我们就是根据这种变化对镜头做出判断的。经过这样的镜头判断训练,我们应该在镜头的运用上有了基本的认识。从镜头的表现性上讲,电影是通过镜头的转换完成对人物的塑造和景物的描绘。从镜头切换上讲,电影是利用镜头切换来表现故事的发展进程。而从镜头切换的视觉效果上讲,可以认为只有不同特性的镜头之间的转换才是有意义的,而相同特性的镜头之间的转换是没有意义的。

在影片中,镜头不仅是造型表现的基本单元,也是视觉传达与叙事表现的基本单元。因此,每一个镜头的存在,对剧情的展开和人物的塑造都应该有积极的推动作用。我们在镜头划分时要充分地考虑到镜头与叙事结构的关系,只有这样才能精确地说明每一个镜头的内容以及它在一个段落里面的地位。电影的叙事结构才会紧凑、流畅,故事情节才能环环相扣。镜头的概念虽然来自于实拍电影的制作,但在二维手绘动画制作中起到至关重要的作用(这个问题在后面的章节中还要详细讲解)。我们要有这样的专业认识——在动画制作时,不是在制作一幅幅画面,而是在制作一个镜头。只有正确地表现了镜头特性,才能获得连续、流畅、自然、生动的画面效果。

我们在欣赏一部影片时首先要注意它的镜头划分关系。不同的分镜头有不同的表现重点,不同的镜头组接也具有不同的含义。

3.1.3 分镜头的一般概念

镜头的概念最早来自于实拍电影,镜头是指摄影机开机到停机所拍摄的一组动态画面,是影片中的最小表现单元。在影片中,镜头是造型表现的基本单元,也是视觉传达与表现的基本单元。通过镜头完成对人物的塑造和景物的描绘。因此每一个镜头的存在,对剧情的展开和人物的塑造都应该有积极的推动作用。

镜头的基本表现要素如下。

1. 镜头的时间长度

从镜头的基本定义可以看出来,每个镜头是有一定时间长度的。当然,这个时间长度是人为设置的。从镜头的表现性上看,镜头的时长与画面的细节、观看的清晰度、画面的信息量等都有直接关系。因此,镜头的时间长度是镜头设计的一个要素。

2. 镜头的角度

镜头角度指拍摄时摄影机与被摄对象之间的角度。角度是镜头画面构图的重要因素,有着丰富的艺术表现力。一般可分为平视、仰视、俯视以及倾斜几种。可以单独使用或综合使用,种类变化多样。

(1) 平视的特点是视平线在画面人物或主体的头部或上部。平视拍摄画面庄重、平稳,给人平实和自然的感觉,如图 3-1 所示。平视是人的习惯视角,因此动画片中平视画面较多,大量的客观镜头也都是采用平视角度。

图　3-1

（2）俯视的特点是摄影机在画面人物头部或主体的顶部以上。俯视镜头的被拍摄对象显得矮小、空旷，空间层次和运动方向比较清晰，但表情不容易被看清，如图3-2所示。俯视角度下，被拍摄的物体处于弱势，有被压抑的感觉。

图　3-2

（3）仰视的特点是摄影机在画面人物的腰部或主体的下半部以下。仰拍镜头对象显得高大、雄伟，但也会产生主体形象变形的特点，如图3-3所示。仰视角度下被拍摄物体处于强势和主导低位，因此从画面造型上富于戏剧效果。

（4）倾斜不是人的正常视角，而是将摄影机相对拍摄对象倾斜一定的角度，如图3-4所示。用于表现一些特殊的视点，如醉汉眼中看到的物象。这种特殊的构图关系经常被使用在主观镜头中，具有构图生动的特点。

图　3-3　　　　　　　　　　　　　　　　　图　3-4

3．镜头焦距

镜头焦距的不同，反映在画面上是局部清晰与模糊的对比，具有突出画面重点、调动观众注意力的作用。一般有以下两种。

（1）近景模糊而远景清晰：具有加强纵深感的作用，如图3-5所示。

（2）近景清晰而远景模糊：具有加强近景主体的表现效果，如图3-6所示。

4．镜头的景别

还有一个重要的镜头表现要素——镜头视距，即镜头到被拍摄对象的距离。镜头视距

图　3-5

图　3-6

比较特殊,镜头不同的视距特性反映在画面上就是景别的不同。镜头景别就是指镜头中画面构图的比例关系。人物是影视作品中的表现核心,因此,镜头景别的分类是按人物在镜头画面中所占的比例来划分的,共有以下 10 种镜头景别。

（1）**极远景**:极端遥远的镜头景观,人物小如蚂蚁。主要用于表现环境特点、对大场面的描写或对地势、地貌、气候变化特征的描写等。在描绘气氛、意境等方面具有较突出的表现力,如图 3-7 所示。

图　3-7

（2）**远景**：深远的镜头景观，人物在画面中只占用很小的位置，人物男女可辨。主要用于表现群体行为与精神气势，如描写群众场面、运动场面、战争场面等，如图 3-8 所示。

图　3-8

（3）**大全景**：包含整个被摄主体及周围环境，人物的服饰、发式特征可辨。通常用来进行影视作品的局部环境介绍，主要表现人物之间的联系、人与环境的依存关系，如图 3-9 所示。

图　3-9

（4）**全景**：摄取人物全身或较小场景全貌的影视画面，相当于舞台剧"舞台框"内的景观。在全景中可以看清人物动作和所处的环境。全景可以完整展示人物动作，可以表现大幅度动作的连续性和完整性，因此多在动作片中使用。在全景画面中人物的声音开始与画面结合，如图3-10所示。

（5）**小全景**：演员"顶天立地"，处于比全景小得多，表情可辨、又保持相对完整的规格。主要用于表现小幅度动作细节和独特造型，如图3-11所示。

（6）**中景**：指摄取人物小腿以上部分的镜头，或用来拍摄与此相当的场景镜头，是表演性场面的常用景别。中景长于展示人物之间、人物与环境之间的交流和关系，突出上半身的动作表现及大的表情变化关系。在叙述内容时起着重要作用，如图3-12所示。

图　3-10

图　3-11

图　3-12

（7）**半身景**：指从腰部到头部的景域，也称"中近景"。半身景最适合观众的自然注意力，也就是合乎他们心理调节的自然平衡点。并有突出重点的作用，常用于表现人物上身的动作和表情的变化转换以及情感交流，如图 3-13 所示。

图　3-13

（8）**近景**：指摄取胸部以上的影视画面，相当于肖像画。用于人物的性格特征和心理特征的描写，有时也用于表现景物的某一局部，如图 3-14 所示。

（9）**特写**：指摄影机在很近的距离内摄取对象。通常以人体肩部以上的头像为取景参照，突出强调人的脸部表情微妙变化或突出某个局部。也用于表现相应的道具细节、景物细节等，如图 3-15 所示。

（10）**大特写**：又称"细部特写"，指突出头像的局部或身体、物体的某一细部，如眉毛、眼睛、枪栓、扳机等。大特写表现的内容单一、集中，可以将对象放大，不仅再现、描绘得特别清楚细致，而且有突出重点、强调局部并有象征性、比喻性的功能。这也是电影艺术中所特有的表现方式，如图 3-16 所示。

图　3-14

图　3-15

图　3-16

5. 镜头的运动

当镜头的时长足够长时,镜头就可以在运动状态下进行拍摄。镜头的运动拍摄不但使画面充满了动感,而且可以运用场面调度来变换画面主体进行运动构图。

镜头的基本运动形式有以下 6 种。

（1）推镜头：是指被摄人物相对不动或运动范围很小而摄影机沿光轴方向向前移动的运动拍摄。当采用变焦距镜头时,也可以机位不动而镜头从短焦距逐渐调至长焦距部位连续拍摄。其画面效果表现为同一对象由远至近或从多个对象到其中一个对象的变化,使观众有视线前移、物体由远及近的感觉。特别是可在一个镜头内了解到整体与局部的关系,主体与背景、环境的关系,并可增强画面的逼真性和可信性,使人身临其境。

（2）**拉镜头**：是指被摄人物相对不动或运动范围很小而摄影机沿光轴方向向后移动的运动拍摄。当采用变焦距镜头时,也可以机位不动而镜头从长焦距逐渐调至短焦距部位连续拍摄。拉镜头与推镜头的作用相反,会形成一种画面造型形象不断展开,周围环境不断入画的造型效果。拉镜头从被摄物体的局部入手,随着画面的展开,从一个具体物体开始逐步扩展到周围环境。可以说拉镜头是一种从点到面的表现方法,物体与空间得到连贯的表现。拉镜头也可以作为一种纵向调度的手段,形成远近两种形象的对比和交待,具有从主体人物扩展到陪衬人物、从事件中心扩展到事件整体层面的表现方式。拉镜头逐步展开式的造型方式用于影片和事件段落的开头,有中心开花先声夺人的效果。将拉镜头用于影片和事件的结尾又有主体离去、场景远离的视点退出效果。

（3）**摇镜头**：是指摄影机机位不动,而摇动镜头轴线的运动拍摄方式。镜头的摇动扩展了画面的表现空间,如同人们转动头部寻看四周景物的视觉效果。这种拍摄方式突出的是镜头的运动感,随着镜头的运动呈现出各种动态构图效果,因此也是影视作品中使用频率最高的表现手段。摇镜头突破了画面框架的空间局限,使人们的视野更加开阔,周围景物尽收眼底。

（4）**移镜头**：也叫移动镜头,是指摄影机架在运动物体上随之运动而拍摄的镜头。相对于推、拉镜头来说,它的运动更加自由,给我们带来了全新的视点和对空间表现上的独特造型效果。在视觉效果上,首先是一种视点、视角、背景、景别、光线等多种视觉表现要素的变化。移动镜头这种多视点、多角度、多背景、多构图的特点对空间的表现具有完整性和连贯性,画面在流动中更好地展示了现实的立体空间。与推、拉镜头的区别在于移镜头是一种人物运动而摄影机也随之运动的拍摄方式。这种拍摄方式使演员的活动范围更大,由于它突破了摇镜头在一个定点上的束缚,空间活动的范围几乎是无限制的,演员调度到哪里就跟到哪里。移动镜头还可以进行纵深调度,在移动的过程中通过机位的变化、景别的变化、角度的变化,可以多层次、多侧面地展示人物关系、环境气氛等。而且可以在调度过程中不断变换环境、不断变换跟随对象,使画面表现更加丰富,增大信息量。移动镜头还在表现大场面、大纵深、多景物、多层次的复杂场面方面独具气势恢宏的表现力。镜头的运动不仅可以横向上突破画面框架的限制,而且可以在纵向上突破屏幕平面的局限。在运动中展示了现实的立体空间。前移动镜头产生视点向步步深入的感受。视点前移调动了观众在运动物体上和自身行进中的视觉感受,有强烈的现场进入感和现场参与感。移动镜头由于画框不断处在运动中,它给予观众的视觉感受与固定画面截然不同,具有较强的造型表现上的主观性。因此,移动摄影可以表现某种主观视向,创造出有强烈主观色彩的镜头,从而表现出更加生动的真实感和现场感。在视点、背景不断变化中形成对景物主体式的再现。在空间表现上还具有完整性和连贯性的特点。

（5）**升镜头**：是指摄影机做向上的运动拍摄。这是一种视平线的变化,多用于连续拍摄中的角度调整变化,以达到运动构图变化的目的。相当于平移镜头来说,这种镜头变化结合物体空间造型的透视变化,会给观众以新鲜感和奇特的效果。

（6）**降镜头**：是指摄影机做向下的运动拍摄,主要构成画面空间高度上的变化,是一种从多视点、多视角表现场景的方法。主要表现特征是加强了银幕竖向变化的运动感。其变化有垂直升降、弧形升降、斜向升降和不规则升降。在拍摄过程中不断改变摄影机的高度和仰俯角度,会给观众带来丰富的视觉感受。如巧妙地利用前景,则能加强空间深度的幻觉,产生高度感。升降镜头在速度和节奏方面运用适当,可以创造性地表达一场戏的情调。它常用以展示事件的规模、气势,或表现处于上升或下降运动中人物的主观视象。与推、拉、摇、移和变焦距镜头结合使用能产生变化多端的视觉效果。

我们在观看一部影片时,看到的是一个个的镜头,这是在电影完成之后。如果影片还处在设计制作阶段,镜头还没有最后定型,那就被称为分镜头。也就是说,当分镜头完成了最后的制作才是镜头。因此,分镜头是在电影拍摄之前,由导演来对电影文学剧本进行二度创作而做出的镜头方案。一般由文字分镜头剧本和画面分镜头剧本来体现。

在实拍电影中,分镜头就是拍摄单元。电影要按照画面分镜头剧本的要求,一个镜头一个镜头地拍摄。在二维手绘动画影片的制作中,分镜头就是制作单元。影片画面要按照画面分镜头剧本的要求,一幅一幅地进行绘制。但是,在三维计算机动画制作中,情况就不完全是这样了。

3.2　三维动画的镜头划分

在影视制作中,分镜头的意义不仅是确定镜头表现方案,还起着划分制作单元的作用。对于二维手绘动画来说尤其如此。二维手绘动画的制作特点是一帧一帧地绘制,对于角色的运动与镜头的运动表现需要通过画面的构图变化来体现,在分镜上就要求精确到每帧画面。因此,手绘动画是一种分镜到画面的分镜方式。即按照画面分镜头剧本的要求将画稿一幅一幅地绘制出来。然而,在三维计算机动画制作中是以情节作为制作单元的,这是因为三维制作软件中自身带有虚拟摄影机,镜头的画面构图可以随时改变或调整,而不变的是故事情节。因此,三维动画要求分镜到情节就可以进入制作了,这样就大大减少了前期准备阶段的工作量。有了虚拟摄影机不仅简化了分镜工作,而且可以灵活取景、自由变化构图、随意切换镜头使得镜头画面的构图关系与表现有了更多的可选择性。目前,在实拍电影的大片制作中,也经常使用三维动画来进行镜头预视。

对于角色动画制作人员来讲,不同于其他专业的制作,如建模人员、材质师、灯光师等,这些人员都是从事静态制作,因此,可以不懂什么是分镜头。而对于从事动态制作的动画师来说,与镜头的关系密切,就必须要知道分镜头的重要性。

3.2.1　三维动画的分镜头特点

对于二维动画来说,制作单元与分镜头是统一的。手绘动画的制作不仅要以分镜头剧本为依据,而且要在分镜头剧本的基础上再编制律表(也称摄影表),进一步将分镜方案落实到每帧画面上。同时,对每个画面还需要画出构图草稿(画面分镜头剧本),才能进入制作流程。因此,它的前期准备工作是非常复杂的,需要耗费大量的时间来反复推敲镜头关系。如果没有确定的画面分镜头剧本,制作工作就不能开始进行。对画面构图关系的不确定,势必导致对画面构图的反复修改。一旦需要修改则工作量非常巨大,势必造成大量的人力、财力和时间的浪费。

而三维计算机动画的分镜与二维手绘动画不同,对于三维动画来说,制作单元与分镜头就可以不完全一致。这是由于三维动画中有功能强大的虚拟摄影机,因此,三维动画分为制作和输出两个阶段。三维动画的前期分镜只需要分解到情节片段,而不必预先考虑镜头的取景问题,更不需要预先设定镜头运动关系。这样的分镜方法只考虑情节片段的完整性、连贯性、表演性,而不必考虑画面的构图因素,因此是一种分镜到情节片段的分镜方式。

三维动画在制作阶段,为了保证情节的完整性以及动作的连贯性,一般将制作单元按情节片段来划分。在制作中只需要注意情节内容的制作,而不需要考虑镜头关系。特别对于运动镜头来说,在制作阶段不考虑镜头的运动方式,而是在输出阶段再通过摄影机的设置来确定。

在镜头的输出阶段,由导演进一步在情节片段的基础上进行细分、调整并设计具体的镜头运动关系。在三维计算机动画中镜头的景别设计非常灵活,并且非常直观,构图调整也非常容易。即使对输出结果不满意,也只需调整摄影机参数,而不必对动画的内容做出改动。

3.2.2 按情节片段划分

我们知道一部电影的基本结构应该是:一部电影—段落—场面—片段—镜头。由于三维动画效果可由虚拟摄影机自由输出,因此,三维动画的制作单元不是以镜头的划分来制定,而是以场面来划分。这种划分是最初大致的划分方法,这样很容易确定出场景建模的工作量。

对于场面转换频繁的段落,动画制作单元也可以按场面划分。但是,对于担任角色动画制作的人员来说,由于计算机运算能力有限,对于时间长度较长的场面就只能按情节片段来划分制作单元。

按情节片段划分制作单元是角色动画制作中最普遍的做法。这种划分方法最容易保证情节片段的完整性,而情节片段的完整性又保证了镜头转换的自如。但是,电影在情节转换之处必有镜头的切换,这也是动态制作人员所要掌握的知识点。因此,对情节片段的起幅与落幅要注意镜头上的连接关系。特别是对于大场面的分层渲染输出,要考虑场面调度与镜头运动的配合,以及镜头主体的转换关系。

3.2.3 按动作段划分

按情节片段来划分制作单元比较容易,因为在电影文字分镜头剧本中情节片段应该写得很清楚了。但是,对于动作段很长的情节片段而言,计算机的制作能力就受到了制约。因此,就不得不考虑按动作段来划分制作单元,即对角色动画按照动作段的分解来进行制作。这是对动画师制作能力和制作经验的考验。动作段的划分要考虑动作的衔接性。为了保证动作的连续性、流畅性,在对动作段分解时要考虑动作的间歇关系,还要考虑镜头之间的衔接问题,以满足情节片段的完整性。这就是角色动画制作时的最基本要求,如果不能满足这个最基本要求,就要考虑计算机设备的更新了。

好的制作单元划分可以降低制作难度,提高工作效率,充分发挥计算机的制作能力,并且能够制作出完美的镜头效果。按动作段来划分制作单元,动作的连续性就涉及后面所要讲的内容了。在具体制作中,不但要考虑镜头连接后的动作效果,关键问题是制作后的衔接。这里所说的衔接要精确到镜头画面之间的衔接,这在实拍电影中很难做到,而在三维虚拟摄影机中是可以实现的。

总而言之,三维动画的制作单元从时间长度上要大于镜头的时长,这样才能保证后期镜头剪辑的质量。不但给后期合成制作创造条件,并且可以输出大量的备用镜头,为镜头修改留有余地。

第4章 姿势位动画与动作混合

姿势位动画是角色动画制作中很重要的一种制作方法。角色动画的制作中通常有两个基本的制作难点,一个是复杂的动作姿态与动作转换,另一个是对动作的时间控制。利用非线编辑器中的姿势位动画制作就可以很容易地解决上述难题。姿势位动画的制作是以一个动作过程的动作分解图例作为制作蓝本的一种制作方法。通过摆位确定角色动作造型,再由计算机对这些动作造型进行连接,从而形成动态连续的动作流。姿势位动画不仅是动画制作的一种方法,也是对非线编辑器的深入学习。姿势位动画不K关键帧,因此操作简单,动作转换灵活。同时,非线编辑器中又可以对动作时间进行精确控制。因此,姿势位动画适合于制作一些动作变换较大的短促动作,这样就使得对一些复杂动作姿态与动作转换的制作有了解决方案。

姿势位片段可以通过动作混合、动作合并命令使其转换为动作片段,或转换为关键帧动画。这样就可以与其他动作片段形成连接,构成完整的动作流。因此,对于带有复杂的动作转换和非循环动作的制作,通常都是从姿势位动画来入手的。姿势位动画不必像关键帧动画那样逐一进行K帧制作,因此,制作起来灵活、多变。然而,对于对位要求很高的动作流制作,简单的姿势位动画制作方法又显得有所不足。因此,在姿势位动画制作的基础方法之上又开发出各种解决方案。同时,利用计算机的导出、导入功能进行配合制作,使姿势位动画制作更加完善。

作为一种动画制作方法的学习,姿势位片段还有许多其他功能。特别是在角色动画的综合制作中,姿势位片段起着重要作用。很多有特色的动作造型都可以作为姿势位片段插入到动作片段当中,对动作变化起到了决定性的作用。有很多动作夸张的效果也是由姿势位片段来制作的,姿势位片段的插入对于动画修改也是一种重要的修改手段。但是,姿势位动画也不是万能的。对于循环动作的制作,不推荐使用姿势位动画来制作。

学习目标

(1)熟练掌握姿势位动画的制作流程。

(2)熟练掌握姿势位动画制作的基本步骤。

重难点

(1)本章重点是姿势位动画制作的基本概念。

(2)本章难点是姿势位动画的操作。

训练要求

(1)熟练掌握姿势位动画制作的两种方法。

(2)熟练调整姿势位片段的通道偏移属性。

4.1 姿势位动画的基本概念

姿势位动画是非线编辑器中的一种动画制作方法。它适合于制作动作快(用时短)而且每个关键帧动作相互之间的过渡都很复杂(既有移动也有复杂的转动)的动作。姿势位动画的制作多以体育运动中的技术性动作为参照,如图 4-1 和图 4-2 所示。这些运动动作造型都是一个动作过程的动作分解图例,因此,可以作为姿势位动画的制作蓝本。这样的动作大多是在短时间内完成的,用姿势位来制作这样的动作,不但可以精确地确定动作的起始时间点和结束时间点,而且制作出的动作动画非常具有想象力。因此,在角色动画制作中,特别是在计算机游戏动画制作中大量采用姿势位动画。

图 4-1

图 4-2

4.1.1　姿势位片段的创建

姿势位动画首先要创建姿势位片段。什么是姿势位片段？在非线编辑器中，对角色集进行摆位确定其姿势后，执行"创建"→"姿势"命令，即可对角色集创建姿势位片段。创建时可以为姿势位片段起名，创建后的姿势位片段一般不会自动加载到轨道上，通常要在"库"→"插入姿势"中找到它。单击这个姿势位片段名称就可以加载到非线编辑器轨道上了，放大这个姿势位片段可以看到它只有一帧的长度。但是，根据需要，可以将片段的时间拉长。虽然片段时间拉长了，但它仍然只是一个静态的姿势位。

在轨道上多个姿势位的排列可以组成一个动作序列，这个动作序列构成了姿势位动画的原型。选择姿势位片段可以用鼠标来移动它，在轨道上随意定位，因此，就可以很方便地确定动作的起始时间点和结束的时间点。

与动作片段的创建过程不同，动作片段是以模型摆位 K 帧作出关键帧。但在创建姿势位片段的过程中，只需要对角色集进行动作摆位即可创建姿势位片段，而不需 K 帧，并且在时间轴上也没有关键帧标记。因此，不能对姿势位片段做出修改，如果需要修改，只能调整姿势摆位重新创建姿势位片段。

姿势位片段的创建不仅与模型的动作姿态有关，还与模型的位置变动以及方向变动有关。因此，只要有任何一点儿改变就需要重新对姿势位进行创建。这是姿势位动画在制作中比较麻烦的一点，需要注意。

4.1.2　姿势位片段的保存

姿势位片段一旦创建之后，就会自动保存在 Visor 编辑器中的"角色姿势"栏中。单击选择"文件"→Visor 命令，就可以看到它们。在姿势位动画制作和调整过程中，姿势位片段的制作会产生大量调整后无用的姿势位片段。这些无用的姿势位片段要在制作中及时删除，否则将产生误判。怎样删除无用的姿势位片段呢？在非线编辑器中是无法删除的，要在Visor 编辑器中的"角色姿势"栏中将它们删除。删除的方法是：选择要删除的姿势位片段，按 Delete 键。如果在 Visor 编辑器中将姿势位片段删除，那么，在非线编辑器的"库"→"插入姿势"中就不会显示了，轨道上的姿势位片段也随之被删除掉了。

如果在大纲视图中删除了角色集，那么，Visor 编辑器中的"角色姿势"栏中的姿势位片段也随之被删除。如果要在删除角色集的情况下保留住姿势位片段，可以在"角色姿势"栏中选择姿势位片段按 Ctrl＋C 组合键复制，再打开 Visor 编辑器中的"未使用的姿势"栏按Ctrl＋V 组合键粘贴到这里。这样，当我们删除角色集时，姿势位片段就会保存在"未使用的姿势"栏中。如果又重新创建了角色集，角色集的创建内容与被删除的角色集完全相同，那么这些保存在"未使用的姿势"栏中的姿势位片段还可以被继续使用。调入的方法是：创建了角色集后，打开非线编辑器，在"库"中可以看到在"未使用的姿势"栏中的这些姿势位片段。单击它们就可以加载到轨道上。然而，由于姿势位片段上没有关键帧，因此在操作中稍有不慎就会出现错误。并且这种错误无法挽回，因此在动画制作中很少这样来操作。

4.1.3　姿势位片段的导出与导入

姿势位片段最保险的保存方法是将姿势位片段导出到项目文件夹中的 clips 中保存起

来。姿势位片段保存在计算机硬盘上,又可以根据需要随时导入到角色集上。因此,在三维动画制作中是一项重要的操作。

姿势位片段导出操作:在轨道上选择姿势位片段,执行"文件"→"导出动画片段"命令,即可打开项目文件夹中的 clips 文件夹,在这里为姿势位片段起名保存即可。或者在 Visor 编辑器中的"角色姿势"栏中选择姿势位片段,右击执行"导出"命令,也可以打开项目文件夹中的 clips 文件夹,为姿势位片段起名保存。

姿势位片段导入操作:在非线编辑器中,执行"文件"→"将动画片段导入角色"命令,就可以打开项目文件夹中的 clips 文件夹,选择姿势位片段导入到角色集轨道上。

在导出姿势位片段和导入姿势位片段的过程中,不要随意地变换 IK-FK 控制器,否则会出现错误。姿势位片段的导出与导入操作与角色集的命名及其角色集的内容有密切的关联性。因此,在姿势位片段的导出与导入操作中,不能随意改变角色集。

4.2　姿势位片段的混合与合并

姿势位片段创建了之后排列在非线编辑器轨道上还没有形成动画,只是一些独立的动作造型。要形成动画还需要将这些姿势位片段进行混合连接,混合连接就是创建姿势位片段之间的动态过渡。当我们对姿势位片段进行混合操作后,由计算机来计算自动完成了姿势位片段之间的动态过渡。

因此,姿势位片段之间创建混合是姿势位动画制作中重要的一步。但是,创建了混合之后,在时间轴上仍然没有关键帧标记。这说明姿势位片段还没有被转换成关键帧动画,当我们对姿势位片段做好定位调整之后,要再次对其执行合并命令,使姿势位片段合并成动作片段。这时,激活动作片段,在时间轴上才能看到关键帧标记。转换成关键帧动画是非线编辑器制作动画的重要一步,能够转换为关键帧动画说明制作中没有大的错误。如果转换不成功,就说明前面的制作是有问题的,要回头认真地检查。

4.2.1　姿势位片段的混合

通过对姿势位片段的创建,可以得到多个姿势位片段,将这些姿势位片段在轨道上组织起来就可以形成一个动作序列。但是,这些姿势位造型之间是没有动态过渡的。片段混合就是在两个姿势位片段之间由计算机自动地进行动作的转化过渡处理,这样就可以使静态的姿势位片段之间产生动作过渡而形成动画效果。

姿势位片段的混合操作如下。

选择两个姿势位片段,执行"创建"→"混合"命令,在这两个姿势位片段之间出现一条绿色线,完成姿势位片段的混合。如果播放动画,在片段混合处会出现动作过渡效果。姿势位片段的混合只能在两个片段之间操作,对于多个片段的混合,也只能两个两个地操作来逐渐完成。如果要取消片段之间的混合,可以选择混合标记的绿色线,按 Delete 键,则绿色线消失,说明混合已被删除了。

由多个姿势位片段组成的动作序列经过混合后,虽然可以形成一个完整的动作流,但是,在时间轴上仍然没有出现关键帧标记。因此,到这一步只是姿势位动画制作中间的一个步骤,姿势位动画还没有最后完成。

4.2.2 姿势位片段的合并

在创建姿势位片段的过程中,我们并没有进行 K 帧操作,因此,在姿势位片段上是没有关键帧的。正是由于姿势位片段上没有关键帧,在姿势位片段的混合上才没有出现问题。姿势位片段的混合是通过计算机自动计算而生成的,计算机以最顺畅的过渡方式来混合,在混合上才不会出错误。

多个姿势位片段相互混合后,可以形成一个完整的动作流,但是,还不能将这个动作流转化成关键帧。没有关键帧就没有运动曲线,如果要深入调整动作就无能为力了。再者,如果要输出保存这个动作流,由于它没有关键帧,也无法正确保存。解决这个问题的办法就是姿势位片段的合并。

姿势位片段的合并操作如下。

选择所有的姿势位片段并且包括它们之间的片段混合线,执行"编辑"→"合并"命令。所有被选择对象变成了一个动作片段。如果激活这个动作片段,在时间轴上就会出现关键帧标记。带有关键帧的动作片段可以导出保存起来,以备多次使用。

姿势位片段经过合并后转化成了关键帧动画,因此,配合曲线图编辑器的应用,就可以对动作曲线进行整理了。通过对动作曲线的调整,可以进一步对动作细节进行刻画,这样就最后完成了姿势位动画的制作。

4.3 姿势位动画制作

姿势位动画的制作方法非常简单,制作步骤也不复杂。但是,要制作出高质量的姿势位动画还需要在制作中总结制作技巧,提高制作效率。姿势位动画的制作要在理解基本概念的基础上拓展思路,其制作方法不止一种。因此,我们要在动画制作实践中不断总结制作经验,在各种情况下能够有针对性地、有效地运用各种方法来解决问题。

4.3.1 姿势位动画的制作方法

理解姿势位动画的概念并不复杂,但是,要总结其制作技巧和制作经验才能提高制作效率,制作起来才会得心应手。下面以一个扣篮动作作为制作实例来讲解姿势位动画的制作过程,如图 4-3 所示。这个打篮球的单手扣篮动作非常舒展,并且动作有力度感。整个动作快、用时短、姿态转化复杂,因此,最适合于用姿势位动画来进行制作。这个动作流有跨步、跳起、转体等多个动作造型,特别是手上的篮球还有一个换手的动作。制作这段动画还要注意的一点就是这个动作流中还缺少一个扣篮后落地的动作,因此在制作时要主动将这个动作造型补上,形成完整的动作。

根据不同的制作要求,姿势位动画的制作方法基本上有以下两种。

1. 动态制作姿势位

动态制作姿势位是姿势位动画最基本的制作方法。对于一些对位要求不高的快速动作,经常采用动态制作法。熟练了以后,这种方法制作姿势位动画比较快速,因此是一种使用频率很高的制作方法。

动态制作姿势位的步骤如下。

图　4-3

（1）摆出第一个姿势位，然后马上对其进行姿势位片段的创建。

（2）接下去依次摆出后面的姿势位，并创建姿势位片段。

（3）依次将所有的姿势位片段加载到非线编辑器轨道上。

（4）拖动时间滑块观察各姿势位之间的位置和方向是否匹配。如果位置和方向不匹配，要调整位置和方向。调整后要重新创建姿势位片段，将无用的姿势位片段删除，将新的姿势位片段加载到轨道上。

（5）依次选择两个姿势位片段，执行"创建"→"混合"命令，将姿势位片段之间连接。

（6）全选所有姿势位片段及之间的混合连接线，执行"编辑"→"合并"命令，将姿势位片段转换为动作片段。

动态制作法是姿势位动画制作的基本方法，制作流程虽然短，但是在制作过程中会产生大量无用的姿势位片段。这就要求我们对姿势位片段命名要有规律，并且在 Visor 编辑器中的"角色姿势"栏中将无用的姿势位片段及时删除。

2．模型复制法

如果采用多次提取姿势位的动态方法来制作姿势位动画，那么，每个姿势位之间只能靠眼睛粗略地判断，就无法进行精确的对位。模型复制法适合于制作对位要求比较高的动画，并且可以在静止状态下来精确对位。因此，也是姿势位动画制作中经常采用的一种方法。

模型复制法的步骤如下。

（1）在大纲视图中，选择所有绑定后的文件，执行主菜单中"编辑"→"分组"命令，将文件分组。

（2）选择这个组执行主菜单中"编辑"→"特殊复制"命令，在"特殊复制选项"命令对话框中选中"复制输入图表"一项，如图 4-4 所示。移动复制后的模型总控制器，将复制模型分开。

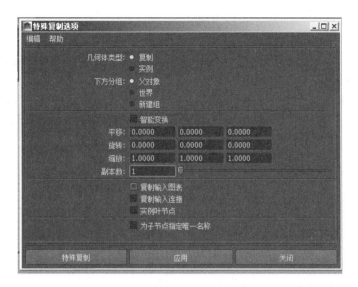

图 4-4

（3）创建新的图层，将每个组放入到各自的图层中管理起来。并且分别对复制的模型进行摆位，注意相互之间的对位和角度变化，并且脚下不能产生滑动的现象，如图 4-5 所示。

图 4-5

（4）保存场景文件。在文件夹中对场景文件进行复制，复制的数量要与姿势位的数量一致。

（5）在 Maya 中分别打开这些文件，依次保留其中一个模型，将其他模型删除。即每个场景文件中只有一个模型。

（6）分别对这些场景文件选择其模型的控制器创建角色集。注意：所有这些场景文件中的角色集命名必须都是一样的。

（7）分别对这些场景文件中的角色集创建姿势位片段，并将姿势位片段分别输出到

59

clips 文件夹中。

（8）打开其中一个创建文件，并且打开非线编辑器，将姿势位片段加载到轨道上。再执行"文件"→"将动画片段导入角色"命令，将保存在 clips 文件夹中的其他姿势位片段分别加载到轨道上，按照动作秩序排列好。

（9）拖动时间滑块检查姿势位片段的动作。如果出现动作变形，可以调整姿势位片段属性中的通道偏移。

（10）依次选择每两个姿势位片段，执行"创建"→"混合"命令，使所有的姿势位片段形成混合连接。

（11）选择所有姿势位片段，包括其中的混合连接线，执行"编辑"→"合并"命令，将姿势位片段转换为动作片段。

以上是模型复制法的制作步骤。从制作流程上看虽然较长，制作严谨，但是如果概念清晰，制作起来就不会有困难。将所有姿势位片段合并成动作片段后，要激活动作片段检查其关键帧。

模型复制法的制作中要注意，不能随意地变换 IK-FK 控制器。如果要变换 IK-FK 就要在创建角色集时，将 IK 控制器和 FK 控制器一起创建在同一个角色集中。

在姿势位动画的制作中，特别是合成为动作片段后，经常会发生肢体部分有穿插的现象。这是由于计算机在姿势位片段之间的过渡计算上产生的偏差所造成的。当发现这个问题后，可以将动作片段转化成关键帧动画。删除角色集后，进入动画层对其进行简单的调整与修改。

模型复制法的导出与导入操作中，已经涉及动作连接的内容。第 9 章里还要专门来讲解动作连接的问题，在这里只要记住制作的步骤就可以了，详见视频演示教程。

4.3.2 姿势位片段的属性

在姿势位动画的模型复制法过程中，由于采用了姿势位片段导出与导入的操作，因此，在排列姿势位片段时，经常会发现一些异常的情况。这是由于通道值没有对位而产生的问题，可以通过姿势位片段的属性调整来改正。

当排列姿势位片段后，选择有问题的姿势位片段双击鼠标，在面板右侧打开属性编辑器就可以看到姿势位片段的属性。在其属性中有通道偏移属性，可以通过"全部相对""全部绝对""仅相对根"三个调整按钮来调整其通道偏移，达到姿势位片段修正错误的目的。

这种问题一般不会在动态制作法中发生，如果有这样的问题出现，也可以应用上述方法来解决。在姿势位片段属性中还包含其他的一些调整属性，但是在姿势位动画制作中，这些属性不需要调整，保持默认值即可。

4.3.3 姿势位动画的其他应用

姿势位片段除了可以制作姿势位动画之外，还有一个重要的功能就是重新确定位置和角度。对角色集创建动作片段之后，角色集就定位在了创建时的位置上。如果移动它或者要改变它的位置，播放动画角色还会回到原来的位置上，这就使得我们无法重新确定它的位置。解决这个问题的方法是利用姿势位来对角色集重新定位或重新确定角度。

在角色动画的制作过程中，姿势位片段也是一种重要的制作手段，同时，它也是一种重要的修改辅助手段。在动画制作过程中，不仅要利用姿势位片段来制作姿势位动画，而且可以利用姿势位片段来修改动画。

1. 帮助角色集定位

在动画制作中，姿势位片段可以用来帮助进行二次确定位置或二次确定方向。我们制作了一个动作片段，那么，角色集的初始运动位置和运动方向就基本确定了。如果要改变角色集的初始运动位置或运动方向，通过修改关键帧是可以达到目的的。但是，这样的改动十分烦琐，修改掉了原动作片段，这就相当于重新制作了动作片段。在动作编辑上也不灵活，并且对原动作片段做了破坏性的修改。

如果利用姿势位片段来对角色集进行二次定位，制作起来就非常简单了。选择角色集重新确定了位置或角度后，创建一个姿势位片段。将这个姿势位片段放在原始动作片段的前面，并且与动作片段之间创建混合连接。适当调整动作片段的通道偏移，就可以改变原始动作片段的位置和角度了。如果选择角色集的总控制器，进行缩放调整之后创建姿势位片段，就可以利用姿势位片段改变角色的大小变化。总之，姿势位片段在动画调整中是一种重要的手段。灵活地运用姿势位片段来进行动作片段之间的对位调整，可以提高动画制作的质量。

2. 灵活提取姿势位片段

前面学习了姿势位片段的创建。在创建姿势位片段的过程中，只需要对角色集进行动作摆位而不需要K帧。因此，姿势位片段的创建是非常自由的，既可以通过动作摆位来创建姿势位片段，也可以在一个动作片段上的某一点上创建姿势位片段，这种方法就是提取姿势位。提取姿势位是角色动画制作中经常使用的一种手段，无论时间轴滑块在哪里都可以提取姿势位片段。

提取的姿势位片段会自动保存在库中，调出姿势位片段可以在轨道上组织成新的动作片段。我们可以在一个角色集的各个动作片段上提取各种各样的姿势位片段，特别是在动作的转换处，并且保存成姿势位片段库作为制作姿势位动画的资源。因此，我们可以创建或提取各种各样的姿势位片段，通过姿势位片段的不同组织方式可以构成各种各样的动作变化和动作形式。但是，姿势位片段的组织要注意动作之间的交搭关系，这样，才能使得动作既生动，又自然、流畅。

3. 插入姿势位片段

姿势位片段作为一种动画资源，不仅可以组织出新的动作片段，也可以插入到动作片段中来丰富动作的变化，如图4-6所示。这些动作造型不是动作分解图例，不能制作姿势位动画，但是可以作为姿势位片段来插入到动作片段中。由于这些姿势位片段的插入，使得动作发生了新的变化或产生新的转换形式。

插入姿势位片段的方法是将一个动作片段在要插入姿势位片段的地方剪开，移动动作片段。在动作片段的缺口处将姿势位片段插入，再用混合连接命令将它们连接起来，这样就形成了新的动作变化。因此，在一个动作片段上插入各种姿势位片段，就可以形成新的动作片段。这种制作方法不仅丰富了动作变化，也使得动作的制作非常简单而有效。

插入姿势位片段不仅是一种动作变化的制作方法，也是一种修改动作片段的手段。对于一些有错误的动作片段，可以将错误段剪掉，再插入新的姿势位片段使其得到修改。特别要指出的是，目前我们是在控制器上制作姿势位动画，如果没有了控制器，姿势位片段的提

61

图　4-6

取会更便利。因此,姿势位片段在关键帧烘焙后,提取姿势位片段几乎成为修改动画的唯一手段了。这个问题将在后面的章节中详细讲解。

姿势位动画的制作有时会出现部分肢体相互穿插的现象,这个问题很好解决。解决的方法是将姿势位片段合并为关键帧动画后,进入动画层工具对它进行调整。

第5章　动作的组合制作与修改

在前面的内容中,主要学习了非线编辑器的基本命令和操作,并对角色进行了基本动作制作。在这一章中,我们将进一步深入学习非线编辑器的使用技巧,并对角色动画进行深入制作。对角色动画的深入制作,一方面要求我们对基本概念有清楚的认识,另一方面要求我们对关键的制作步骤要熟练掌握。

在动画层工具的学习中,我们对于动作的组合制作应该有了基本认识。然而,在非线编辑器中也可以进行这样的动作组合制作,并且更加灵活。在非线编辑器中,角色动画的深入制作是一种子角色集之间的组合制作。这种制作方法不但可以将角色的上下半身动作分解制作,而且可以将这两部分动作形成多种组合来丰富角色的动作形式。调速是动作制作中最重要的方法,体育运动中为什么动作变化多端、出神入化? 就是因为运动员可以对身体各分支动作能够做出不同的速度变化。在动作分解组合制作中,我们就可以利用非线编辑器对各个动作分支进行不同的调速处理。这是角色动画很重要的一个美学特征。

子角色集不但是一种动作制作方法,更重要的它还是一种动作修改或动作添加的方法。因此,子角色集在角色动画制作中是一种最常用的方法。在非线编辑器中的分解制作可以分别进行动作片段的编辑,因此,制作更加灵活并且可以更好地协调整体动作。灵活地运用工具来解决动画制作中的难题,就要求全面掌握非线编辑器的各种性能。非线编辑器中还有许多其他功能,深入地开发它们、掌握它们是进一步深入制作的前提。在动作片段上作出各种变化并使之形成多样化的组合是角色动画制作的主要技巧。同时,对各种动作的修改与调整是考核我们综合制作能力的标准。进入到角色动画的综合制作后,操作细节就非常重要。如果在操作细节上出了问题,动作上就会出现各种错误。因此,我们要在制作中体会其操作的严谨性,在制作步骤上形成一套严格的流程,这样才能进入制作的自由境界。

 学习目标

(1) 熟练掌握子角色集制作的流程。
(2) 熟练掌握动画的修改技巧。

重难点

(1) 本章重点是掌握动作片段的权重编辑技巧。
(2) 本章难点是动作片段的时间扭曲操作。

训练要求

（1）熟练掌握子角色集的组合制作技巧。

（2）熟练掌握动作片段的导出与导入操作。

5.1 动作的组合制作

我们知道进入非线编辑器首先要创建角色集，那么，是先制作关键帧动画，还是先创建角色集呢？选择哪一种方法都可以，这主要看个人的制作习惯。如果先制作关键帧动画，就要在所有制作动画的控制器上K帧。如果是先创建角色集，那么在制作关键帧动画时，只需要对一个控制器K帧就可以了。因为所有的控制器都在一个角色集中，只要对一个控制器K帧，那么角色集中所有的控制器都会被自动K帧。

动作组合制作的基本概念就是在一个角色集中分出多个子角色集，每个子角色集分别制作动作片段，然后再编辑、组合起来。这样就可以获得更多的动作变化与动作组合。

5.1.1 子角色集的创建与合并

人体分为上半身和下半身，如果能将上半身和下半身的动作分开制作，再进行不同的组合就能获得更多的动作样式。本着这种理念，我们可以将上半身的控制器创建一个角色集，再将下半身的控制器创建一个角色集，分别制作它们的动作片段，然后在非线编辑器中将它们相互组合。这样的制作方法是可以成立的，但是如果对于一个已经将全身动作制作完成的动作片段，能否将动作分解为上下半身的动作呢？子角色集就是解决这个问题的重要工具，应用子角色集就可以进行这样的分解制作。

子角色集不能单独创建，它是从角色集中分离出来的，它的操作步骤如下。

（1）选择角色上的所有控制器，执行动画模块下"角色"→"创建角色集"命令。在对话框中起名，这样就创建了角色集。

（2）选择角色上半身所有的控制器，执行动画模块下"角色"→"创建子角色集"命令，在对话框中起名，这样就创建了子角色集。

（3）创建了子角色集之后，在角色集轨道之上就出现了一个子角色集轨道。

从上面的创建过程中可以看到，子角色集的创建是在角色集创建之后，从角色集中分离出来的。也就是说，要先创建角色集，然后再创建子角色集。创建子角色集之后，打开大纲视图可以看到，子角色集位于角色集的下面。

如果在创建子角色集之前已经制作了动作片段，那么，在创建子角色集之后动作片段会自动分解开，形成上下轨道的叠加状态。

子角色集在非线编辑器中有两种显示状态：一种是呈灰色的，这是一种非操作状态，显示的是子角色集的动作片段与角色集动作片段的对应关系；另一种是在子角色集被选择时，呈蓝色显示，这是一种可操作状态，可以对子角色集的动作片段进行创建与编辑。

子角色集创建后，结合动作片段导出与导入操作，可以反复多次地制作不同的动作片段，然后，通过组合形成多种动作流。

5.1.2 子角色集动作片段的创建与修改

在可操作状态下,子角色集的动作片段是可以被创建或编辑的。如果在角色集动作片段上,子角色集也有动作,那么在创建了子角色集之后,子角色集上会自动分离出自己的动作片段。如果选择了子角色集,这个动作片段就可以进行修改或编辑。修改或编辑的方法很多,可以激活后修改关键帧,也可以分割动作片段后插入姿势位,等等。

如果要对子角色集进行 K 帧动画制作,就要先删除这个子角色集的动作片段或者将这个动作片段导出到硬盘上,再进行 K 帧动画制作,并创建动作片段。这样的制作就是分解制作,子角色集的动作片段只是身体一部分肢体的动作,而角色集上的动作片段也不包括子角色集的动作了,详见视频教程。

子角色集动作片段的编辑很简单,就是定位、拉伸、压缩、循环、混合连接、合并等操作。学习了子角色集的动画制作,为我们的角色动画制作进一步打开了思路。子角色集的动作可以作为一个动作分支来制作,那么,在角色动画制作中有很多这样的分支动作。比如,手的动作就是一个分支动作,如果放在大的角色集中调整起来就非常困难。如果作为子角色集,调整起来就很方便并且也容易与手臂动作配合。

子角色集动画制作完成后,可以合并到角色集中来形成整体动作片段。合并的方法是先合并角色集,再合并动作片段。首先要在非线编辑器中,选择子角色集动作片段执行"编辑"→"合并"命令。选择角色集动作片段,执行"编辑"→"合并"命令。在大纲视图中选择角色集和子角色集,执行主菜单上"角色"→"合并角色集"命令,将两个角色集合并。在非线编辑器中选择两个动作片段,执行"编辑"→"合并"命令,将两个动作片段合并成整体动作片段。

5.1.3 动作片段的导出与导入

动作片段的导出与导入是制作复杂动作必须要掌握的一个环节,特别在分解制作和连接制作中是一个必要的制作环节。动作片段的导出就是将动画数据保存到硬盘上,动作片段的导入就是将保存在硬盘上的动画数据再导入到场景文件中。如果能够正确地进行动作片段的导出与导入操作,就为我们深入学习角色动画制作奠定了基础。后面各章节的学习内容都离不开动作片段的导出与导入这个最基本的操作,因此,动作片段的导出与导入操作是我们必须熟练掌握的制作环节。

1. 动作片段的导出

当我们创建了动作片段之后,动作片段不仅会自动地保存在"库"中,它也会自动地保存在 Visor 编辑器的"角色片段"一栏中。当然,这作为一种动作片段的保存方法是无可挑剔的,但是,如果要将动作片段调入到其他场景中就无能为力了。因为这些动作片段只针对特定的场景文件,在其他场景中是看不到的。要突破场景的限制,动作片段就要进行导出操作。导出后的动作片段保存在硬盘上,既可以是一种保存与保护的方式,也可以作为动画资源来使用。

动作片段导出的操作步骤如下。

(1)在非线编辑器角色集轨道上选择动作片段,执行"文件"→"导出动画片段"命令。或者在 Visor 编辑器的"角色片段"一栏中选择动作片段,右击执行"导出"命令。

66

（2）打开项目文件夹中的 clips 文件夹，在这里为动作片段起名保存即可。

动作片段经过导出可以将动画数据保存到硬盘上，但是，动作片段是有针对性的。它是针对特定的角色集，因此，在数据保存时要注意命名规律。

2. 动作片段的导入

动作片段的导入就是使导出的动作片段再调回到场景中。应用导入命令可以打开硬盘，将导出的动作片段文件导入到场景文件中来。

动作片段导入的操作步骤如下。

（1）在角色集选择器中选择角色集，在非线编辑器中执行"文件"→"将动画片段导入角色"命令。

（2）打开项目文件夹中的 clips 文件夹，在这里选择保存的动作片段打开。动作片段就加载到角色集轨道上。

动作片段的导出与导入是一组关联操作，只有准确地导出，才能准确地导入。我们知道，动作片段是针对特定的角色集来创建的，因此，在对角色集动作片段导出与导入的操作过程中，要保持角色集不变。即角色集的名称不能改变，并且角色集的内容不能改变。否则，在导出与导入的过程中就会出现错误。子角色集的动作片段也可以进行导出与导入操作，但在操作过程中同样要遵循这些原则。

5.1.4 IK-FK 转换制作

骨骼的驱动形式有两种：IK 驱动和 FK 驱动。在骨骼绑定的学习中，我们知道角色的腿部与手臂是设置了 IK 控制器的。手臂的动作比较复杂，对于手臂骨骼的驱动要求既使用 IK 控制器也要使用 FK 控制器制作（有的角色在腿部骨骼上也设置了 IK 和 FK 的双重驱动，这主要视角色的动作要求而定。一般的角色在腿部骨骼上仅使用 IK 控制器）。从动作形式上看，FK 控制器主要是针对骨骼的旋转动作的驱动，如行走动作中的手臂骨骼的摆动动作；而 IK 控制器主要是针对骨骼的目标动作的驱动，如手臂去拿一个东西时的动作。

如果在手臂的动作驱动过程中，手臂骨骼上的 IK-FK 控制器是互为隐藏的，并且是相互独立的，那么，IK-FK 进行转换操作就非常困难。因此，手臂骨骼上的 IK-FK 控制器的绑定首先要正确，同时，要正确使用动画模块下主菜单"动画"→"IK-FK 关键帧"中的 4 个命令，如图 5-1 所示。这 4 个命令的用法如下。

（1）设置 IK-FK 关键帧：选择 IK 控制器，单击此命令，相当于对控制器的 IK-FK 转换进行 K 帧。

（2）启用 IK 解算器：用于 IK-FK 的转换操作。勾选此项相当于启用 IK 解算器，取消勾选相当于关闭 IK 解算器。

（3）连接到 IK-FK：用于制作 IK-FK 转换开关。在骨骼绑定时要正确应用此命令。

（4）将 IK 移动到 FK：用于 IK 的转换定位。

在动作制作中，IK 和 FK 虽然不能同时驱动，然而，IK-FK 是可以进行自由转换操作的。但是，如果 IK-FK 转换操作不正确，就会产生错位现象或者产生旋转跳帧现象。因此，有必要讲一下 IK-FK 转换操作的问题。如何避免出现错误呢？首先，要形成很流畅的动作流制作，就要正确绑定骨骼控制器，并且正确使用上述 4 个命令。同时，还要弄清两个概念：FK 跟随 IK 操作和 IK 跟随 FK 操作。有了这两个基本概念，我们就可以对动作的分段制

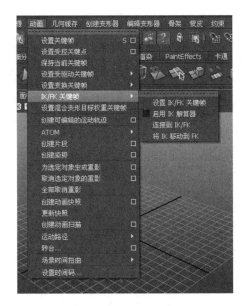

图　5-1

作有所认识了。动作可以大致分为 IK 段制作和 FK 段制作,由于有了跟随操作,在不同的两段之间就形成了自动对位。当然,还要在操作中熟练掌握制作规律,这样的动作流才能保证无缝对接,自然、流畅。

1. FK 跟随 IK 操作

FK 跟随 IK 操作是指在 IK 操作过程中,FK 要在运动中跟随 IK 一起运动。FK 跟随 IK 操作的具体步骤如下。

(1) 勾选"启用 IK 解算器"命令,IK 控制器被激活。

(2) 拖动时间滑块并操作 IK 控制器,对角色动作进行摆位。

(3) 摆位后,选择 IK 控制器单击"设置 IK-FK 关键帧"命令,对 IK 控制器 K 帧。

在这个过程中,由于 IK 控制器被激活,因此 FK 控制器会自动跟随 IK。当我们由 IK 转为 FK 时,由于 FK 的跟随,FK 动画的起始点就不用重新对位。直接由 IK 动画转换为 FK 动画。

2. IK 跟随 FK 操作

IK 跟随 FK 操作是指在 FK 操作过程中,IK 控制器要在运动中跟随 FK 一起运动。IK 跟随 FK 操作的具体步骤如下。

(1) 取消选中"启用 IK 解算器"命令,IK 控制器被关闭。

(2) 拖动时间滑块并操作 FK 控制器,对角色动作进行摆位。

(3) 摆位后,选择 FK 控制器单击"设置 IK-FK 关键帧"命令,对 FK 控制器 K 帧。

(4) 将时间滑块放在 FK 控制器最后一帧上,单击"将 IK 移到 FK"命令,可以看到 IK 控制器跳到了这一帧上。

在这个过程中,由于 IK 控制器被关闭,当 FK 制作动画时 IK 控制器不会跟随运动。但是,有"将 IK 移到 FK"命令的作用,当 FK 动画制作结束后,单击"将 IK 移到 FK"命令,IK 就自动跳到 FK 动画的最后一帧上。完成 IK 和 FK 的对位,就可以在后面直接连接 IK 动画的制作了。

3. 在 FK 动画中插入 IK 动画

在 IK-FK 的转换操作中,不仅要熟练地掌握动作分段制作,还要具有调整和修改能力。在 FK 动画中插入 IK 动画和在 IK 动画中插入 FK 动画,是最基本的两种调整能力。这里先学习在 FK 动画中插入 IK 动画,其操作步骤如下。

(1)在想插入 IK 动画的时间范围的开始帧处,选择 IK 控制器,单击"设置 IK-FK 关键帧"命令,设置一个起始帧。

(2)在想插入 IK 动画的时间范围的结束帧处,选择 IK 控制器,单击"设置 IK-FK 关键帧"命令,设置一个结束帧。

(3)我们优先设置了两个关键帧,以确保不会影响两个关键帧以外的动画。

(4)选中"启用 IK 解算器"命令,IK 控制器被激活。

(5)选择 IK 控制器,在两个关键帧范围内设置 K 帧动画。

4. 在 IK 动画中插入 FK 动画

在 IK 动画中插入 FK 动画,其操作步骤如下。

(1)在想插入 FK 动画的时间范围的开始帧处,选择 FK 控制器,单击"设置 IK-FK 关键帧"命令,设置一个起始帧。

(2)在想插入 FK 动画的时间范围的结束帧处,选择 FK 控制器,单击"设置 IK-FK 关键帧"命令,设置一个结束帧。

(3)我们优先设置了两个关键帧,以确保不会影响两个关键帧以外的动画。

(4)取消选中"启用 IK 解算器"命令,IK 控制器被关闭。

(5)选择 FK 控制器,在两个关键帧范围内设置 K 帧动画。

当我们能够熟练地进行 IK 段动画的对位制作和 FK 段动画的对位制作,并且能够熟练地进行两种插入制作后,基本上就掌握了 IK-FK 转换制作技术了。

5. 消除 IK 动画中的旋转跳帧

在制作 IK 段动画中有时会出现旋转跳帧现象,这是由于极向量约束没有及时调整所引起的。而 FK 段动画中是没有这种现象的。怎样消除 IK 动画中的旋转跳帧呢?一方面可以调整极向量约束,另一方面可以进入曲线图编辑器来调整 IK 控制器的平移曲线的光滑度。

在 IK 时间段中制作 IK 动作时,要注意 IK 控制器的操作不能使其脱离骨骼。一旦发现 IK 控制器脱离骨骼时就要调整极向量控制器,使其与骨骼对位。另外,在手臂关节的翻转过程中要注意对极向量控制器的移动 K 帧,尽量使极向量控制器远离肘关节。

6. 在曲线图编辑器中对 IK 动画整理

学习了曲线图编辑器后我们知道,动作是否流畅,就看动作曲线是否光滑。本节前面所讲到的内容就是以这个问题为核心的。IK-FK 转换动作的制作质量要看 IK 曲线是否光滑,如果不光滑,就需要调整曲线的光滑程度。那么,怎样来调整 IK 曲线的光滑度呢?首先,要求对 IK-FK 转换的绑定要正确。其次,IK-FK 转换操作要正确。这样,在打开曲线图编辑器时,选择 IK 控制器就可以看到它的运动曲线。IK 的运动曲线由实线与虚线连接而成,如图 5-2 所示。实线部分显示的是 IK 动画,而虚线部分显示的是 FK 动画。可以利用曲线图编辑器中的修帧工具和切线工具来调整曲线的光滑度,就可以得到自然、流畅的动作。

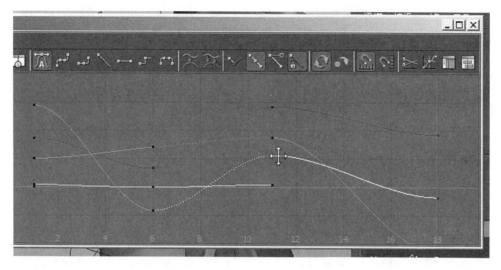

图 5-2

通过本节的学习,读者对 IK-FK 转换制作应该有了一个清晰的认识。这个问题可以提示我们,如果要将手臂作为子角色集,那么一定要将它的 IK 控制器与 FK 控制器一起作为子角色集的内容,而不能将它们分离开来。在动画层工具中由于有归零关键帧,因此,IK-FK 转换制作比较简单、方便。不必顾及对位与转换插入的问题,这就是动画层工具的优势。但是在非线编辑器中,就要多加练习,要熟练地掌握它。

5.1.5 时间扭曲

动作片段还具有时间扭曲属性。什么是时间扭曲呢?在非线编辑器中,选择动作片段执行"创建"→"时间扭曲"命令,如图 5-3 所示,这样就为动作片段创建了时间扭曲。这时在动作片段的上部出现了一条绿线,表示时间扭曲已经创建成功了,但在播放动画时看不出有什么变化。这时,如果打开曲线图编辑器就会看到,在动作片段的属性下面增加了时间扭曲一项。选择时间扭曲,可以看到它是由两个关键帧构成的一条倾斜的直线。如果改变这条直线的状态,动作片段就会发生变化。

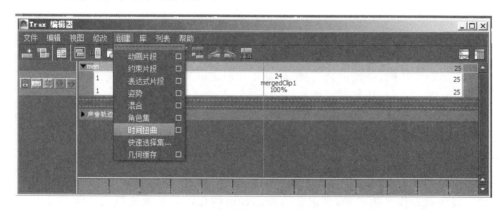

图 5-3

改变时间扭曲直线的倾斜方向,动作片段中的动作方向就呈相反的方向。如果向内移动关键帧,动作就会发生一段停顿,详见教学视频。在曲线图编辑器中还可以使用加帧工具在这条直线上添加关键帧,可以利用调整关键帧工具来进一步改变曲线形态,以获得更多的动作变化。

如果要移除时间扭曲,选择动作片段进入到曲线图编辑器中,删除时间扭曲曲线上的关键帧即可。

时间扭曲是针对动作片段操作的,这个特点也适用于子角色集的动作片段。在组合制作中,可以设置大量的子角色集,利用时间扭曲又可以得到各种动作姿态。

5.2　组合动作的修改

在组合动作的制作中,动作要经过不断地修改、完善才能达到令人满意的效果。在非线编辑器中对动作有多种修改和调整的方法,除了前面讲到过的激活关键帧修改方法之外,还有许多其他的修改方法。这些方法都是在动作片段的基础上进行修改,因此,这些修改方法不仅适合于角色集动作片段的修改,也适合于子角色集动作片段的修改。动作的修改在动画制作中非常重要,一个成熟的动画师主要就看他修改动作的能力和解决问题的能力是否强于他人。角色动画的制作不是靠大量的 K 关键帧,而是在动作片段上进行修改、添加来获得新的动作片段。经过编辑、组合后的动作片段不但变化多端,而且更加生动、传神。

5.2.1　动作片段的修改

对于动作片段的修改,除了前面讲过的激活动作片段后修改关键帧,或者利用曲线图编辑器修改其关键帧从而达到修改动作片段的目的之外,还可以进行动作片段的剪切修改。

动作片段剪切修改是一种对动作片段进行局部修改的方法,在角色动画制作中经常使用这种方法来修改动作片段。

动作片段插入修改的操作如下。

(1)在动作片段上拖动时间轴,执行右键菜单"分割片段"命令,即把动作片段需要修改的部分剪掉。

(2)拉伸动作片段或者使动作片段作出一定的循环部分,填补被剪切掉的部分。

(3)调整通道偏移,使姿势位造型正确。

(4)选择动作片段,创建混合连接,使动作片段之间形成连接,构成新的动作。

(5)合并动作片段,使新的动作片段定型。

这种修改方法在非线编辑器中经常使用,这种方法既适合于对角色集动作片段的修改,也适合于对子角色集动作片段的修改。当然,在操作细节上要严格,并且要注意观察动作是否发生变形。如果动作发生变形,要调整片段的通道偏移。

经过修改的动作片段要经过合并后才能转换为关键帧动画,这一步非常重要。修改动作片段不仅要看动作是否正确,更重要的是要看动作片段是否能转换为关键帧动画。如果不能转换为关键帧动画,一定是修改过程中存在着错误。不能转换为关键帧动画,就不能进行下一步的深入制作。这种修改方法对于角色集来说问题不大,但是,对于子角色集来说出现的问题就比较多。特别是在子角色集合并时经常出现错误,读者要加强这方面的练习,详见视频教程。

5.2.2 插入姿势位片段

插入姿势位片段是修改、完善动作片段的一种制作方法。在动作片段上可以根据需要提取一个姿势位片段,姿势位片段经过修改后作为一个关键帧插入到动作片段中。插入的过程是在插入点上将动作片段剪开,移动动作片段,再将姿势位片段插入其中。插入姿势位片段之后,再使用"混合连接"命令将姿势位片段连接到动作片段中。这不仅是一种非常方便而有效的修改方法,而且是一种增加动作变化的制作方法。

姿势位片段只能在动作片段上进行插入修改,而不能呈上下叠加状态。如果呈上下叠加状态,动作就会出现变形。插入姿势位片段的方法主要用于动作过渡状态的修改,或者丰富动作的变化。特别是在一些体育运动动作中,插入一些难度极高的动作造型来丰富动作变化,应用这种方法来制作是非常普遍的。如图5-4所示就是一些高难度的动作造型,它们是零散的,不是一个动作序列。但是,应用插入姿势位片段的方法将这些造型制作成姿势位片段,插入到一般的篮球动作中就会得到丰富的动作变化效果。

图　5-4

经过对动作片段的修改,在插入姿势位片段之后要仔细观察动作是否发生变形。如果动作发生了变形,要调整姿势位片段的通道偏移属性来纠正动作变形。插入姿势位片段后,要将它与原有的动作片段混合连接起来形成动作过渡。经过修改后的动作片段要执行"合并"命令后才能定型,如果动作片段没有定型是不能转换为关键帧动画的。片段修改得成功与否要看它能否转化成关键帧动画,如果不能转化为关键帧,就要在前面的步骤中查找原因。

5.2.3 动作片段的属性

非线编辑器中的动作片段具有其属性。选择动作片段后右击执行"属性编辑器"命令,即可在屏幕右侧打开动作片段的属性栏,如图5-5所示。动作片段的属性很重要,其中,通道偏移一项是动作片段或姿势位片段重要的调整措施。当我们修改动作片段后,有时动作会发生变形。或者在插入姿势位之后,姿势位片段发生了变形。这都是由于片段的通道偏

71

移没有相互对应所引起的,我们要选择有变形的片段,打开它的属性。找到通道偏移调整它的全部绝对或全部相对按钮,同时观察动作造型变化以修正变形。

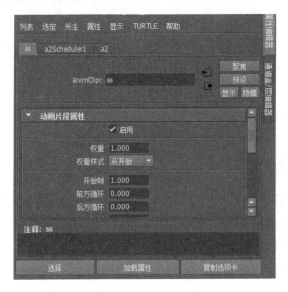

图　5-5

通道偏移调整非常重要,后面所讲的制作都涉及通道偏移调整的问题。通道偏移调整有三个选项,操作也不困难。通常,调整通道偏移就是试着来,三个选项都试一下,并且要观察动作效果。但是,在制作中往往经过调整以后动作还是有错误。这就不是通道偏移的问题了,一定是在前面的制作中出了问题。要回过头去认真检查,出现的问题往往是由于概念不清、操作不严格所造成的。因此,制作动画不同于建模,不要求快,而要求正确无误。我们在练习中要逐渐培养起一种严谨的作风,这是学习角色动画所必须具备的先决条件。

5.2.4　动作片段的权重

非线编辑器中的动作片段还具有其权重。当打开动作片段的属性栏后,在属性栏中可以看到权重值,如图 5-6 所示。权重值默认为 1,即保持动作片段原有的数值。如果配合时间滑块的设置,改变权重值并对其右键进行 K 帧,如图 5-7 所示,再次选择动作片段,右击执行"创建权重曲线"命令,如图 5-8 所示,就可以打开曲线图编辑器,在其中找到权重曲线,应用加帧工具和数值调整工具对权重曲线可以进行修改。

在非线编辑器中,片段的权重调整可以大于 1。通过对动作片段权重曲线的调整,可以对动作片段中的动作幅度进行修改。当权重小于 1 时,可以得到动作幅度减小、动作力度减弱的动作片段。当权重大于 1 时,可以得到动作幅度加大、动作力度加强的动作片段。当然,如果对权重曲线进行精细的调整,动作的变化就会更加丰富。具体操作请详见本章视频教学。

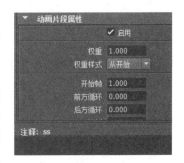

图　5-6

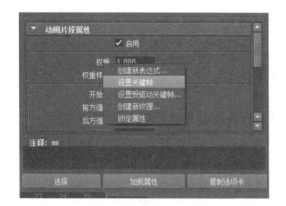
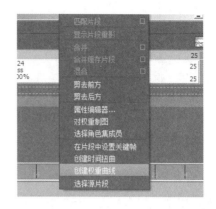

图　5-7　　　　　　　　　　　　　　　　图　5-8

5.2.5　简单的动作连接

　　当我们创建完一个动作片段后,时间轴上的关键帧消失了。我们可以将动作片段移到时间轴的时间范围以外,开始制作第二个动作片段,这样来进行动作片段的制作,两个动作不能相互影响。在非线编辑器中,用这样的方法,可以分别为角色集创建多个不同的动作片段。将这些动作片段放在同一个轨道上连接起来就构成了一个完整的动作流。片段与片段之间可以混合起来,这种做法就是一种简单的动作连接。

　　也就是说,简单的动作连接是在一个角色集上,完成多个动作片段的制作,并且在同一条轨道上将这些动作片段混合连接起来,就可以形成一个完整动作。当我们激活动作片段对它进行修改时,其关键帧位置都在时间轴的制作范围内。因此,当完成动作片段的混合连接后,要选择所有的动作片段以及它们之间的混合连线,执行"编辑"→"合并"命令,即所有的片段合并成为一个动作片段,所有的关键帧进行了逐帧计算后,关键帧被固定了下来。如果无用的关键帧过多,可以在曲线图编辑器中对动作曲线进行精减关键帧处理,具体操作请详见本章视频教学。

5.3　约束动画与表达式动画

　　在对动画层工具的学习中,我们接触到了约束动画和表达式动画的制作。同样,非线编辑器不仅能够制作角色的肢体动画,还能制作约束动画和表达式动画。在非线编辑器中制作约束动画和表达式动画,与制作角色的肢体动画基本方法一样,也是先制作出动画片段,然后对动画片段进行编辑。在非线编辑器中约束片段和表达式片段与动作片段是相互独立的,因此,在非线编辑器中制作约束动画和表达式动画,烘焙关键帧是非常方便的。

5.3.1　约束动画制作

　　在动画层工具的学习中我们接触到了约束动画的制作。约束动画的特点是:一旦设置了约束,被约束体就会始终跟随着约束体,并且在被约束体上不能进行 K 帧动画制作。因此,约束动画制作的要点在于变换约束关系。那么,非线编辑器也可以进行约束动画的变换约束关系制作。

约束动画制作步骤如下。

（1）首先完成手部动作的关键帧动画制作。

（2）设置道具与手部的约束。设置了道具与手的约束后，无论手部动画如何变换，道具与手都始终处于约束状态。

（3）选择道具（被约束物体）创建角色集。进入非线编辑器，执行"创建"→"约束片段"命令，这样就在被约束物体上创建了一个约束片段。

（4）在大纲视图中选择角色的角色集和道具的角色集，执行"角色"→"合并角色集"命令，这样就将道具合并到角色的角色集中来了，但是道具的片段是约束片段不能合并到动作片段中来。如果打开非线编辑器可以看到，约束片段与动作片段分别在两条轨道上，并呈上下排列的关系。

（5）调整约束片段的剪切就可以调整约束关系。

通过以上制作，我们可以体会到约束片段是独立于动作片段的，并且约束片段与动作片段呈上下排列的关系。约束片段上是没有关键帧的，如果激活约束片段，在时间轴上没有任何关键帧标志。如果要将这个动画导入到其他三维软件中进行联合制作，在非线编辑器中约束片段就需要烘焙关键帧。

烘焙关键帧的方法：选择约束片段，执行非线编辑器菜单中"编辑"→"合并"命令。约束片段的名称变为mergdClip，激活这个片段，在时间轴上就可以看到关键帧。同时，也可以将约束片段删除，使被约束物体成为关键帧动画。

在非线编辑器中，还可以有多个被约束物体，利用各自的约束片段来制作两个约束转换的动画。在非线编辑器中调整这两个约束片段就可以使约束相互转换来配合运动制作。

5.3.2　表达式动画制作

在对动画层工具的学习中，我们接触到了表达式动画的制作，在动画层中制作表达式动画是很麻烦的事情。如果是对多个控制器写入表达式，或者是对一个控制器的多个属性写入表达式，那就更加麻烦了。然而，这样的问题在非线编辑器中就很容易解决。

表达式动画制作步骤如下。

（1）先制作出角色集的动作片段。

（2）选择角色集中需要制作表达式动画的控制器，并在其通道框中确定需要写入表达式的属性。

（3）执行通道框菜单"编辑"→"表达式"命令，打开表达式编辑器，写入表达式。

（4）选择角色集中已经写入表达式的控制器，在非线编辑器中执行"创建"→"表达式片段"命令，在角色集轨道上创建表达式片段。

（5）剪切或调整表达式片段，对表达式动画进行编辑。

以上是非线编辑器中表达式动画的制作过程，从中可以体会到：在非线编辑器中制作表达式动画要先完成动作片段的制作之后，再写入表达式。创建表达式片段后，表达式片段与动作片段分别在两条独立的轨道上，呈上下排列。在非线编辑器中制作表达式动画的优势是：可以很方便地直接写入表达式，并且通过表达式片段对表达式动画的时间进行控制。特别值得一提的是，在非线编辑器中可以对角色集的多个属性写入表达式，制作表达式动画。这是动画层工具所不能及的功能,详见视频讲解。

在表达式片段上是没有关键帧的,这样的片段如果要导出或导入就会出现错误。因此表达式片段在导出之前必须烘焙关键帧。在非线编辑器中表达式片段的关键帧烘焙操作是:选择表达式片段,执行非线编辑器菜单中"编辑"→"合并"命令。表达式片段的名称变为 mergdClip,激活这个片段,在时间轴上可以看到关键帧。这是因为合并命令就是对片段的一个逐帧计算的过程,在这个过程中完成了表达式片段的关键帧计算。但是,如果这样来操作,表达式动画就和动作片段分离了。正确的做法是:选择动作片段再加选表达式片段执行"编辑"→"合并"命令,这样的关键帧动画就是表达式与动作的合成动画了。经过合并处理后的表达式片段就可以导出到动画层工具中,进行后续制作了。

高级篇

Maya角色动作的综合制作

除去身体动作和技巧外,面部表情在动画表演艺术中也占有重要的地位。富于变化的面部表情,是观众理解剧情、体验角色内心世界、认识动画形象的重要渠道。因此,表情动画是动画中很重要的一项制作,其中包含着口型动画。面部表情在表演中常与肢体动作配合,来丰富肢体语言的表意性。口型动画主要是表现人说话时的口型变化,但在表演过程中它常与表情动画相互配合,因此,通常口型动画和表情动画是在同一模型上制作的。

与前面学习的骨骼动画不同,口型动画和表情动画属于变形动画的范畴。它们是由头部模型上控制点的变换而形成的动画,因此,口型动画和表情动画分为制作与编辑两个阶段。在制作阶段,口型动画和表情动画是一种静态制作,即制作出一系列的口型序列模型与表情序列模型。当应用混合变形器将序列模型载入目标物体后,静态的模型制作就转换成了动态。为了使表情变化更加丰富,还需要对表情加入二级控制器。二级控制器的制作对于变形动画来说是一种非常必要的手段,特别是对于口型动画主要的操作都在二级控制器上。因此,二级控制器的制作是本章内容的难点。为了使表情动画制作更加丰富、灵活,在编辑阶段还要建立起表情库与口型库,这里保存有大量的姿势位片段以供我们编辑使用。为了编辑应用的方便,还要使表情片段和口型片段直观化。因此,一个完整的表情动画制作其综合性是很强的,流程也比较长。

当应用这些口型动画和表情动画时,往往要求口型与表情之间、表情与动作之间要达到时间上的完美配合,这就需要精确地进行编辑。在编辑阶段,还是使用非线编辑器来进行编辑。通过前面的学习我们知道,进入非线编辑器要创建角色集。那么,对变形动画的编辑是怎样创建角色集的呢?这是我们首先应该意识到的问题。还有,变形动画的非线编辑有什么特色?等等。带着这些问题我们就开始本章的学习。

 学习目标

(1) 表情动画是动画师制作的基本功,首先要熟练掌握表情动画制作的流程。

(2) 熟练掌握表情动画制作的基本步骤。

重难点

(1) 本章重点是理解表情动画制作的基本概念。

(2) 本章难点是表情二级控制器的创建与操作。

训练要求

（1）熟练掌握表情的二级控制制作。

（2）熟练掌握表情动画的非线性编辑。

6.1 表情变形制作

简单地讲，表情动画的制作是一种由静态转入动态的制作方法。在静态制作过程中，可以应用各种建模手段、修模手段甚至应用动力学手段对模型进行各种造型变化。由静态转入动态的工具是混合变形器。混合变形器可以将各种表情造型相互融合，产生更多的表情变化并对变形进行控制，这部分内容是表情动画的基本制作。为了进一步丰富表情的微妙变化，灵活地控制表情的夸张效果，还需要设置二级控制器来作为表情动画的补充手段。因此，我们还要掌握二级控制器的设置，在这两种控制方式的作用下可以获得更加多样的表情变化。表情变形制作讲解的就是以上两部分的内容。

然而，表情动画最终要与肢体动作结合，如图 6-1～图 6-4 所示，这样才能构成生动的动画效果。这取决于表情动画的编辑技术，但是，如果表情变形制作不过关，则后面的编辑就无从谈起。因此，首先要熟练地掌握表情动画制作阶段的制作步骤。

图 6-1

图 6-2

图 6-3

图 6-4

6.1.1 表情序列制作

表情序列制作首先要了解面部表情肌的结构以及运动走向,如图6-5~图6-7所示。各种面部表情肌的运动组合构成了人的各种面部表情,表情肌之间的运动过渡以及强度变化都可对面部表情产生不同的造型。有人对人的表情甚至微表情进行过定量研究,其研究成果表明:人的各种面部表情可以归纳为二十种基本表情间的融合、转化,如图6-8所示。我们在制作动画时不必将这20种表情造型一一制作出来,因为在混合变形器中是可以相互融合的。因此,我们仅需要制作表情的极限位造型,这也是读者在表情动画练习中需要进一步体会的制作经验。

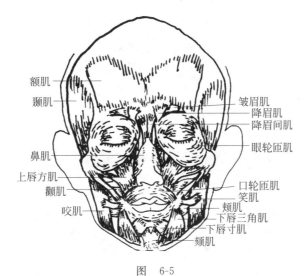

图   6-5

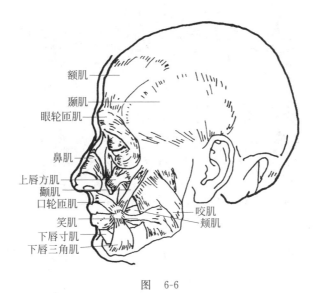

图   6-6

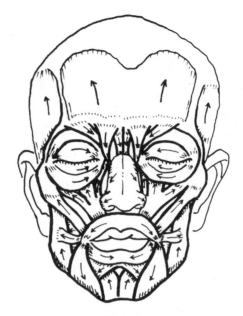

图　6-7

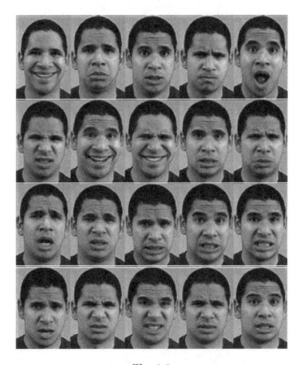

图　6-8

　　表情动画制作的第一步是制作表情序列。这是静态的制作,因此可以利用各种建模
手段。

　　表情序列制作步骤如下。

　　(1) 首先将头部模型从身体上复制分离出来,并且单独保存成一个项目文件夹。

（2）再将头部模型复制出多个，分别执行主菜单中"修改"→"冻结变换"命令，并且放入独立的图层中管理起来。

（3）应用各种修模的方法对每个复制的头部模型进行表情造型制作。

在制作表情序列模型时，不能在模型上随意地增加或减少控制点。如果模型上有缺陷必须增加控制点，也要先在源模型上添加然后再复制。总之，每个模型上的控制点的数量要严格地保持一致，否则，在加载混合变形器时就会失效。

6.1.2　表情混合变形

制作表情动画的第二步是将表情序列造型加载到混合变形器中，利用混合变形器将静态的表情序列转化为动态的变形过程。

表情混合变形制作步骤如下。

（1）依次加选表情序列模型，最后加选目标模型。

（2）执行动画模块下主菜单上"创建变形器"→"混合变形器"命令，这样就在目标模型上创建了混合变形器。如果感觉不够理想，可以选择目标模型删除其历史，然后重新创建混合变形器。

（3）执行主菜单上"窗口"→"动画编辑器"→"混合变形"命令，可以打开混合变形器。拖动其中的滑块可以看到目标模型上出现了表情变化。如果选择目标模型，在它的通道框中也可以看到加入了混合变形的属性。

在制作表情序列的时候，是针对其表情的极限效果进行制作的，当目标模型上加入了混合变形器后，通过调整表情动画属性可以看到其中间变化过程。调整表情动画属性，这些表情之间还会相互产生融合过渡的效果。因此，当目标模型上加入了混合变形器后，就会得到更加多样的表情变化。每个表情之间都可以进行动态的转化，这样就更加符合人的脸部变化规律了。

在混合变形器中可以对变形滑竿 K 帧，可以制作简单的表情动画。但是，在动画片的制作中是不能采用这种动画方法的，这种方法不能进行灵活的编辑。表情动画不是孤立的，它必须与动作配合起来。因此，我们不采用这种表情动画的制作方法，而采用后面要讲到的非线编辑方法来制作表情动画。

6.1.3　表情的二级控制

表情动画的基本制作是上面所讲的混合变形法。但是，表情的变化是丰富多彩的，如果仅用混合变形法来制作就需要大量的表情序列。这样，无论是制作还是编辑都是非常烦琐的。此外，当表情动画与口型动画配合时，混合变形器可能会使表情肌之间产生错误的变形。如果有了表情的二级控制手段，就可以修正这种错误。因此，表情的二级控制是作为一种补充手段来使用，在一些比较简单的卡通动画中可以不用制作表情的二级控制。

在混合变形的基础上加入表情的二级控制，可以获得更加丰富的表情变化，不但活跃了脸部的表情造型，而且减少了表情序列的制作。

作为表情二级控制器要满足以下三个条件。

（1）二级控制器要能够随动点而动，即随着混合变形而动。

（2）二级控制器要能够独立操作。

（3）模型细分后，二级控制器仍然能够操作。

满足了上述三个要求的表情二级控制器就是设置比较成功的控制器，我们可以根据这三个要求对后面所要讲解的表情二级控制器进行检查。这一点很重要，表情二级控制器的设置方法很多，但无论使用哪一种方法，控制器都要满足这三个要求。为了选择操作上的方便，一般都是以 NURBS 曲线物体作为控制器。

表情二级控制器的制作步骤如下。

（1）在脸部模型上设置动点：这些动点的设置要按照面部表情肌的位置设置，一般是在主要表情肌上。通常放在眉头、鼻翼、嘴角、眼角上。

（2）创建粒子发射器：选择人头模型上的动点，执行动力学模块下菜单中"粒子"→"从对象发射"命令，即在动点上创建了一个粒子发射器，这个发射器是可以随着动点而动的。在大纲视图中删除粒子而保留发射器。

（3）创建二级控制器：创建一个 NURBS 曲线球体作为二级控制器。选择二级控制器创建一个组，并且执行主菜单中"修改"→"居中枢轴"命令。

（4）约束二级控制器：选择粒子发射器加选控制器组，执行动画模块菜单中"约束"→"父对象"命令。选择二级控制器，执行主菜单中"修改"→"冻结变换"命令。

（5）创建簇变形：选择动点附近的点，执行动画模块菜单中"创建变形器"→"簇"命令。选择头部模型，执行动画模块菜单中"编辑变形器"→"绘制簇权重工具"命令，对簇涂刷权重。

（6）连接二级控制器：执行主菜单中"窗口"→"常规编辑器"→"连接编辑器"命令，打开连接编辑器。选择二级控制器加载到左侧，选择簇加载到右侧。在连接编辑器中连接它们的平移、旋转和缩放属性。

以上是表情二级控制器的制作过程，详见视频教学。二级控制器制作结束后，将所有的簇创建一个组，并且作为头部模型的子物体。在操作过程中要避免碰到簇和发射器，因此，要将簇组隐藏，并且将所有的发射器隐藏。这样，无论在场景中怎样选择，都不会选择到簇和发射器。还要选择所有的控制器组，再次创建一个组，为后面的表情动画制作做好准备工作。

6.2　口型变形制作

在动画片中，口型动画是与说话的声音相配合的。在口型动画制作时，声音往往还没有被确定下来。但是，可以利用发声时的口型造型来制作出口型序列，然后再按音频资料来进行编辑。口型序列基本造型分为两类：开口型和闭口型。开口型主要依据汉字拼音中的声母的发声口型造型来制作，闭口型主要依据汉字拼音中的声母的口型预备位造型来制作。在这些口型造型中，有的是过渡性的口型，可以排除在口型序列之外。我们要选择有代表性的、有明确造型的口型来组成口型序列，汉语的口型造型资料很少，可以参看英语的口型造型资料。必要时可以对照镜子来体会口型的造型特点。

6.2.1　口型序列制作

口型动画的制作分为两类：一类是配合表情动画的口型动作，一类是表现说话时的口型动作。口型序列是口型混合动画所需要的制作步骤，而口型混合动画是针对第一类口型动作所设计的。第二类口型动作由口型二级控制来完成。

口型序列首先要配合表情的变化作出口型造型，有了口型序列的配合可以使表情造型更加自然，产生细微变化。需要重点注意的是：口型序列的制作必须是在表情序列制作的同一个头部模型上，这样当口型与表情相互配合时，操作才比较方便。

口型序列制作步骤如下。

（1）首先，在表情制作的模型上再复制出一些原始模型，并且单独保存在新建的图层中管理起来。

（2）在头部模型上应用各种修模的方法，对每个复制的头部模型进行口型制作。

（3）这种口型的制作可以结合表情造型，比如微笑与生气的口型可以结合表现来制作，也就是说把口型与表情制作在一个模型上。

口型序列的制作与表情序列的制作一样，也是利用静态制作的方法作出一系列口型造型。对于简单的动画制作，通常这一步可以简化。可以将表情序列与口型变化制作在一起，这样的制作其组合变化少，但可以由口型的二级控制来补充。

6.2.2　口型混合变形

同制作表情动画一样，制作口型动画的第二步也是应用混合变形器将静态的口型序列转变为动态的口型。

口型融合变形制作步骤如下。

（1）依次加选口型序列模型，最后加选目标模型。

（2）执行主菜单上"创建变形器"→"混合变形器"命令，这样就在目标模型上创建了混合变形器。如果感觉不够理想，可以选择目标模型删除其历史，然后重新创建混合变形器。

（3）执行主菜单上"窗口"→"动画编辑器"→"混合变形"命令，可以打开混合变形器。拖动其中的滑块可以看到目标模型上出现了表情变化。如果选择目标模型，在它的通道框中也可以看到加入了表情动画的属性。可以对这些属性K帧来产生动态的效果。

由于口型混合动画与表情混合动画使用的是同一个头部模型，因此，口型混合动画与表情混合动画都在同一个混合变形器中。拖动混合变形器滑块可以看到口型与表情的配合，其实这部分的口型与表情不能截然分开，而是两者融为一体了。因此，口型的混合动画仅适用于在表情中的口型动作配合，而不适用于说话中的口型动作。

在这里主要学习了口型的混合动画制作，口型的混合动画适合于表现口型与表情的配合。如果用混合动画来表现说话中的口型动作，就需要制作大量的口型序列造型。这样制作起来非常麻烦，调整起来也不灵活。特别是口型与音频的配合非常困难。因此，口型的主要控制是在口型二级控制器上，要特别重视口型的二级控制。

6.2.3　口型的二级控制

前面所讲的口型动画制作方法适合于表情变换时的口型动画配合，而不适用于说话时的口型动画表现。说话时的口型动画表现常由口型的二级控制器来完成，因此，口型的二级控制制作是非常重要的。对于口型动画来说，二级控制甚至要超过混合变形动画的重要性。

口型二级控制器的制作与表情二级控制器的制作方法一样，也是利用簇变形来对口型的局部进行变形操作。

口型二级控制器的制作步骤如下。

（1）**在嘴部周围设置动点**：这些动点的设置要按照嘴部动作肌的位置设置，一般是在嘴唇上以及嘴角处。

（2）**创建粒子发射器**：选择嘴部的动点，执行动力学模块下菜单中"粒子"→"从对象发射"命令，即在动点上创建了一个粒子发射器，这个发射器是可以随着动点而动的。在大纲视图中删除粒子而保留下发射器。

（3）**创建二级控制器**：创建一个 NURBS 曲线球体作为二级控制器。选择二级控制器打组，并且执行主菜单中"修改"→"居中枢轴"命令。

（4）**约束二级控制器**：选择粒子发射器加选控制器组，执行动画模块菜单中"约束"→"父对象"命令。选择二级控制器，执行主菜单中"修改"→"冻结变换"命令。

（5）**创建簇变形**：选择动点附近的点，执行动画模块菜单中"创建变形器"→"簇"命令。选择头部模型，执行动画模块菜单中"编辑变形器"→"绘制簇权重工具"命令，对簇涂刷权重。

（6）**连接二级控制器**：打开连接编辑器，选择二级控制器加载到左侧，选择簇加载到右侧。在连接编辑器中连接它们的平移、旋转和缩放属性。

以上是口型二级控制器的制作过程，详见视频教学。说话口型的造型基本分为两类：开口型和闭口型。开口型主要依据汉字拼音中声母的发声口型造型来制作，如图 6-9～图 6-12 所示。闭口型主要依据汉字拼音中声母的口型预备位造型来制作，如图 6-13～图 6-16 所示。如果能够利用口型的二级控制器调整出这些口型的造型，那么，口型的二级控制就达到目的了。

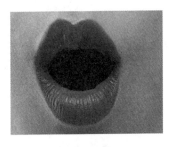

图　6-9

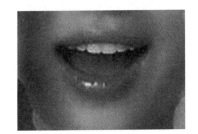

图　6-10

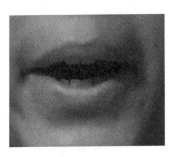

图　6-11

图　6-12

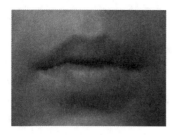

图 6-13

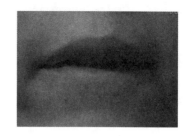

图 6-14

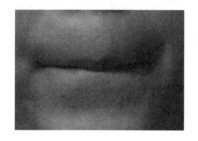

图 6-15

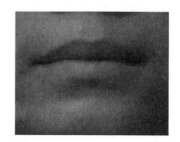

图 6-16

6.3 表情与口型动画的非线制作

本节开始进入表情动画和口型动画的编辑阶段的学习。表情动画和口型动画的编辑非常重要,为了使表情动画与肢体动画达成有机的配合关系,特别是表情动画和口型动画与动作之间能够进行准确的时间对位,表情动画与口型动画的编辑也需要在非线编辑器中完成。如前所述,进入非线编辑器是有条件的,必须要创建角色集。而表情动画和口型动画都属于变形动画的范畴,那么,怎样来创建角色集呢? 这就是本节的重点。

6.3.1 创建表情角色集

表情动画要进入非线编辑器,首先要有角色集。创建角色集之前要先有控制器,口型与表情的二级控制是有控制器的,而表情混合动画是没有控制器的。我们要为此创建一个控制器,并且要将表情混合动画连接到控制器属性上。

表情角色集的具体制作步骤如下。

(1) **创建表情控制器。** 创建一个 nurbs 曲线作为表情控制器,并且对控制器添加属性。添加的属性要与表情混合动画及口型混合动画一致,并且命名要清楚。

(2) **将表情混合动画连接到表情控制器上。** 应用驱动关键帧工具,将目标模型上的表情混合动画与控制器属性进行连接。连接的操作过程详见视频教程。

(3) **创建表情角色集。** 选择表情控制器加选所有的表情二级控制器,执行动画模块下菜单"角色"→"创建角色集"命令,对其创建角色集。

经过上面的三个步骤,创建出了表情角色集。在这个表情角色集中,其实是包含口型角色集的。首先,在表情控制器中就连接有口型混合动画,其次,在创建角色集时也包括口型的二级控制器,因此,到了这一步口型动画与表情动画就成为一体了。这样的制作方法能够使得二者在调节动画时有机地配合起来,从而形成生动、自然的动画效果。

6.3.2 表情位片段制作

完成了表情角色集的创建,就可以进入非线编辑器了。进入非线编辑器后的工作就是制作表情位片段。在非线编辑器中,表情位片段就是利用姿势位片段的创建方法来进行制作。

表情位片段相当于动画中的关键帧,这样的制作方法可以使表情与肢体动作能够精确地对位,能够使说话时的口型动作与音频时间点精确地对位。因此,这才是动画片中表情动画正确的制作方法。

(1)**表情位片段制作**。选择表情控制器,调节其属性值可以得到表情造型,并且配合表情二级控制器的调整及口型二级控制器的调整进一步对表情造型进行变化。执行非线编辑器中"创建"→"姿势"命令,在对话框中命名来制作表情位片段。

(2)**表情位片段调用**。在"库"→"插入姿势"命令中找到表情位片段命名,单击加载到角色轨道上。

(3)**表情位片段保存**。进一步为表情动画编辑创造条件,在非线编辑器中选择表情位片段,执行"文件"→"导出动画片段"命令。将表情位片段保存在项目文件夹中的 clips 文件夹中。注意保存的表情位片段名称要与表情位片段命名一致。

表情位片段的制作一方面可以调整表情控制器上的混合变形动画来造型,另一方面可以配合二级控制器的调整来丰富表情造型或加入口型变化。在制作表情位片段时会遇到混合变形与二级控制相互矛盾的问题,这是由于混合变形与簇变形哪一方优先决定变形而造成的。当出现这个问题时,可以调整混合变形与簇变形的次序。具体的操作是:选择头部模型,鼠标放在模型上右击执行"输入"→"输入所有"命令,可以在场景中打开输入操作列表,在其中可以看到混合变形与簇变形排列的情况。如果混合变形排列在簇变形的上面,可以用鼠标中键将混合变形拖曳到簇变形的下方,这样就可以解决二者矛盾的问题。

通过表情位的制作,可以获得大量的表情片段。在这些表情片段中可以结合口型制作出各种带有情节的表情造型,比如歌唱中的表情变化,如图 6-17～图 6-20 所示,这样的表情制作才会丰富多彩、生动自然。

图 6-17   图 6-18

图　6-19

图　6-20

6.4　表情动画的非线编辑

　　总结一下前面的制作,首先,对静态的表情和口型序列创建了混合变形器。为了能够进行非线编辑,又创建了控制器,并且将表情混合变形连接到了控制器属性上。我们将控制器以及二级控制器创建为角色集,并且进入到非线编辑器中,调整控制器上的属性值创建了一系列的表情位片段。但是,这些独立的表情位片段还不是表情动画。

　　表情动画的制作还需要我们对这些表情位片段再进一步地编辑。在非线编辑器中,要按照情节的需要以及与动作的对位要求将这些表情位在轨道上组织、排列起来。再通过混合连接,最后才能形成表情动画片段。本节主要讲解的就是表情位片段的编辑问题。

6.4.1　口型动画制作要点

　　在动画片中口型动画表现的是说话的状态,因此,口型动画一定要与音频文件进行对位制作,并且口型之间要过渡自然。口型动画是动画片中一种重要的动画形式。有的情节或者有些镜头就是以口型动画为主的,因此,口型与音频的对位非常重要。特别是在特写镜头中,如果对位不当会马上让观众感到不舒服。因此,常采用先期录音的方法来制作口型动画,这种制作也是在非线编辑器中完成的。

　　在动画片中,对话或声音一般都是非常情绪化的,因此,口型与表情的结合非常重要。这一问题在表情位片段制作中要通过表情混合变形与口型二级控制的配合制作来解决。口型动画的制作是以口型二级控制为主的,每部动画片对每个角色要至少规定 6 个口型位,对精确动画角色要规定 9 个口型位,在一般的动画片设计中确定 6~9 个标准口型位即可。当制作对话情节时,在制作中就是反复调用这几个口型位来制作动画。口型要让人看到至少需要持续两帧,否则无法看到关键口型的造型。也就是说,口型动作最快也要保证视觉下限,否则这个口型动作在动画中是表现不出来的,这就是动画速度表现的限制条件。

　　口型动画制作重要的原则是在一句话中张嘴的次数要对,而不是强调每个口型如何过渡。因此,要抓住开口口型和重音口型的造型,使口型动画自然、流畅。口型变化可以适当加入脸部的拉伸、压缩来丰富变化,但不能给舌头 K 帧。一般在口型位片段制作时要对照镜子看自己的口型或者用相机拍照下来,以抓住口型造型的特点为主。

口型动画的要点在于配合制作。如果从表演上来要求口型动画,其最主要的任务是强调重音。单纯在口型上变化还不够,要充分利用动作来强调对话。要在重音处加入身体、头或手的动作来强调重音。如果口型动画不与眨眼动作、脸部变形配合,不与表情及一定的手势动画配合,那么口型动画就是失败的。要达成这样的配合,口型动画就必须在非线编辑器中制作。

在口型动画的制作上还要注意以下几点。

(1)强调重音,说话的重音是重要的口型位。要让人看到重音口型,最少需要两帧。通常口型动画需要先期录音,通过音轨数据确定发音帧数。如果出现了只有一帧的口型,如果是重音就要在它的前或后借一帧。

(2)运用分节法将一句话分成几个音节,只作出音节的口型即可。根据音长制作持续帧。但要注意加入对话前的口型自然位和对话后的口型自然位。一句话的两端要对准口型,而中间口型可以含糊。

(3)加大脸的运动弹性,要大胆地利用脸的拉伸与压缩来配合口型动画。

(4)原音字母的口型位要正确。对慢速的原音位开口音,就要作成有开口的动作。并且要作成张口快、闭口慢,有缓冲的作用,增加活力。

(5)口型动画要配合眼睛的动作,在重音处配合一定的手势动画,以增加活力,吸引观众的注意力。

(6)在制作口型动画时要注意五官要随口型变化有微妙的表情变化。表情的加入增添了视觉感,使人不会去过分追究口型动作的准确性。同时,表情的运用要与剧情的演进相得益彰,使观众的注意力始终在剧情上。

(7)加入头部动作以强调对话。头部的强调动作要提前于对话口型三到四帧。

对于上述这些口型动画的要求,都可以在非线编辑器中,通过对表情位片段的制作和编辑来实现。非线编辑器的优势就在于可以自由地扩帧、精确地对位,因此,口型动画必须用非线编辑的手段来制作,其他任何手段都无法满足上述要求。

6.4.2 片段缩略图制作

通过前面的制作,得到了大量的表情位片段。下一步要在非线编辑器中编辑这些表情位片段来获得表情动画。然而,表情位片段是不能直观化显示的,特别是当表情位片段制作数量比较大时,选择编辑就很困难。尽管我们可以在表情位片段上通过命名来标注它们,但还是不能在编辑之前直观地看到表情造型,这就使我们的编辑陷入盲目。表情位片段缩略图可以解决上述难题,片段缩略图制作的意义在于,编辑动画时,能够直观地调入表情位片段。这样就使我们在表情动画编辑时,目的性更强,制作效率更高。

表情位片段缩略图制作步骤如下。

(1)在制作表情位片段时,配合渲染器对视图中的表情位进行渲染。

(2)在视图渲染器中执行"文件"→"保存图像"命令,将视图保存到项目文件夹中的clips文件夹中。注意图像的命名要与表情位的命名一致。

(3)打开Visor编辑器,在Visor编辑器中执行"选项卡"→"创建新选项卡"命令,打开创建对话框。在其中命名选项卡名称,选项卡类型选择磁盘。单击根目录图标,将根目录设置为 clips 文件夹。

　　这样就非常直观地看到了保存在 clips 文件夹中的表情位缩略图。大量的表情位及对应的表情位缩略图就像是一个表情位的资源库,在表情动画编辑过程中,可以直观、方便地调入。表情位的直观化显示,使得我们在编辑过程中不盲目,目的性更强,制作效率更高。将表情位缩略图连接到 Visor 编辑器中的好处是,在制作中无论表情动画合并到哪个文件夹中,都能够一目了然地、非常方便地看到表情位缩略图。

6.4.3　表情位片段的非线编辑

　　表情位片段的非线编辑是表情动画的最后一步制作。表情动画和口型动画的编辑就是在非线编辑器中对各种表情位片段的排列、拉伸、混合后形成姿势位动画。

　　在编辑表情动画的过程中,可以打开 Visor 编辑器中的选项卡,直观地看到各个表情位片段的造型。根据需要,有目的地选择表情位片段,并且加载到非线编辑器轨道上来。按表情变化的要求将表情位片段排列起来,并且将表情位片段混合连接即可。当播放动画时,表情位片段之间产生了丰富的过渡,形成了动态的表情动画。为了编辑的方便,表情动画一般不进行表情位片段的合并。我们可以在轨道上移动表情位片段,精确地定位动作时间点。如果调入音频文件,就可以使口型动画与音频精确对位。

　　我们目前制作的表情动画还仅仅是在头部模型上,这是表情动画制作的第一阶段。怎样将表情动画传递到全身模型上形成完整的动画效果,这是后面要学习的表情动画的传递制作,即表情动画制作的第二阶段。

　　然而,第一阶段的关键是表情位片段的制作,要制作出丰富的表情变化就要大量地制作表情位片段。表情位前面的工作是制作前的准备工作,而表情位片段的编辑是非常简单的。

第7章　表演动作

　　动画不仅是一种视觉艺术,还是一门表演艺术。表演是一部动画片的表现核心,动画片通过表演来传达剧情、推动情节,并在假定情境中将角色的心理活动直观外现,直接诉诸观众的感官。因此,一个好的角色动画不仅要符合运动规律、动作流畅,还要从表演艺术上来审视它的成败与高下。

　　动画是动的艺术,运动和动作的表现是动画制作的核心。动画的表演设计以及表演创意是动作设计的依据。动作、表情、声音是表演的三大基本手段,在表演过程中,动画的表演尤其以动作表现最为突出。各种形体姿态、动作手势和面部表情都在刻画角色的内心活动、情绪变化,因此,动画中的动作设计必须服从于表演的要求。从表演艺术的角度来审视动画,动画表演区别于一般的影视表演。动画中的表演不是生活化的再现,也不是程式化的动作虚拟,而是一种有别于生活的夸张表现的肢体语言。这种肢体语言的加入不仅使动作生动、具有感染力,而且有表情达意、突出人物性格的作用。因此,肢体语言是重要的表演技术元素,是动画片艺术创作的重要组成部分。肢体语言是以真实生活为依据,由动画师选择加工成具有感染力和表现力的形体动作语汇。

　　在动画表演动作中还经常运用夸张和强调来突出动作的力度和幅度。通常,动作幅度受关节极限位的限制,而动画中的动作变化则可以打破这种限制,这就是动作的超常变化。当我们进入到超常规动作变化时,不可避免地会引发对于动作真实感的讨论。特别是当计算机技术不断发展以及动作捕捉仪出现之后,对动作的逼真制作成为可能,因此相关讨论越发激烈了。对于这个问题,本书的观点是从经典作品中向大师学习,体会他们的动作设计和表现创意。这首先要求我们要提高鉴赏能力,开阔眼界。因此,本章所讲解的内容是动画制作的理论问题,它指导着我们动画艺术的创作实践。

　　动画师在掌握动画制作技术的同时,要善于正确理解、认识文学剧本人物形象,从角色的精神世界及外貌、造型、行为表现方式上进行角色形象构思,才能将角色的艺术形象从剧本体现到银幕上。从动画表演创作呈现上讲,动画师具有化妆师、演员、特技师等多重身份,因此,作为一个合格的动画师必须要学习表演知识、了解表演规律、掌握表演技巧,才能设计出更加完美的表演动作。

 学习目标

（1）掌握肢体语言的基本概念。
（2）熟练应用肢体语言的特征来丰富角色的动作。

重难点

（1）本章重点是理解肢体语言的基本概念。

（2）本章难点是肢体语言的表意性与内心动向的表达。

训练要求

（1）注意收集生活中的各种形体动作语汇。

（2）熟练地应用肢体语言来生动地表现角色的内心状态。

7.1 肢 体 语 言

动画中的表演动作不同于实拍电影，它的表演动作不是生活化的再现，而是需要通过夸张处理来集中体现角色的行为特征、强调角色的性格特点，并制造悬念。因此，动画中的动作是在日常生活的情感动作以及对大自然各种运动形态的模拟的基础上，按照动画艺术的审美规律经过加工和改造后的艺术化动作。它来源于人的各种生活或情感动作，但必须经过变形与加工。

动画片中的一切表现要素都围绕着表演艺术而存在。从表演艺术的角度来审视动画，动画中的表演不是生活化的再现，也不是程式化的动作虚拟，而是一种有别于生活的夸张表现的肢体语言。肢体语言就是一些能够表达角色内心意念的肢体动作。肢体语言是表演动作的基础，并且起到强化情绪表达和丰富表演动作的作用。探索和研究肢体语言是角色动画设计的重要课题。

7.1.1 动作的表意

动作的表意性是肢体语言的基础，表意是指表达角色的心理动向。在社会生活当中存在着大量表意性的动作，特别是在人的交往过程中的各种手势、局部动作以及表情都带有各种含义。作为动画师，首先要在研究生活、体验生活的过程中善于发现、收集并积累这些动作。研究人体动态上所表现出来的内心动向，经过艺术加工使之成为具有感染力和表现力的表演动作是动画师的一项重要任务。

研究肢体语言应以真实生活为依据，其表意性在角色彼此的交流中表现得最为突出。表意性不是代替说话的符号，而是表达那些难以用语言表达的心理动向和情绪。作为一种表演手段，肢体语言又要求变化丰富以避免形成一成不变的程式化动作套路。这就要求动作创作者能够准确地把握角色的心理变化和情感变化，没有真实的情感作为基础，没有精神内容的动作只能是一种肤浅、造作、概念化的动作图解而已。

动画的表演与哑剧的表演最为接近，哑剧的表演特点就是没有背景、没有道具、没有装置，它与观众沟通的方法是靠演员的动作和表情来表达剧情。动画的表演也具有这样的特点，利用夸张的动作甚至过火的表演来表达剧情。如《猫和老鼠》中基本上就没有台词，即使加上台词也显得多余。动画的表演有其自身的特点，表演动作要求不仅具有准确性、节奏性和模仿性,还要具有心理状态的表现力和性格上的表意性。因此,动作在设计中要经过艺术处理,突出动作夸张、动作节奏感、力度感等特殊的美感,甚至通过动作变化创意出动画特有的动作语言。因此,动画设计师不单是模仿动作的工具,更是形体艺术的创造者。经过动画师创意并开发出来的动作具有动画的特质,甚至有些动作是演员表演不出来的。

然而,对于表演动作的设计有哪些基本要求呢?表演动作的审美要求首先是用明确的肢体语言来表达,有很强的表意性。这是心理活动的外化、情绪化呈现的基本要求。肢体语言是世界性的一种通用语言,要让每一个人都能了解角色的动作诉求。因此,动画师要深入研究肢体语言,丰富动作语汇,要在生活中积累动作素材、揣摩行为动作、研究心理气质外化的表现特征,经过艺术加工与提炼使动作充满情绪和想象力、生动传神、张弛有度,使动作设计既多彩多姿又表现出明确的动作意向。

总之,一个对动作认识贫乏的动画制作者是很难创作出有艺术表现力的优秀动画作品的。因此,要重视对动作创意的学习与研究,在学习前人经验的基础上掌握和储存大量的动作语汇。同时,还要以生活为源进行动作挖掘与创新。学习、借鉴其他各类艺术中的表演方法与技巧,研究戏剧、舞蹈、杂技等艺术中的动作设计,以丰富我们的动作创意手段,艺术化地再现动作使得动画具有强大的生命力,如图7-1~图7-4所示。

图　7-1

图　7-2

图　7-3

图　7-4

7.1.2 动作的夸张

通过夸张来加强肢体语言的表现是动画中最常用的手段。这是对动作艺术化处理所采用的一种动作变化,在符合角色心理逻辑发展的前提下,构思奇妙、节奏明快、动作优美,而正是这种变化构成了动画表演的特殊美感。

夸张的含义是以现实生活为基础,并借助丰富的想象抓住描写对象的某些特点加以夸大和强调,达到既超越实际又不脱离实际,既新异奇特又不违背情理的境地,从而突出所反映事物的本质特征,加强艺术表现力和效果。在动画片中,运用夸张手法使得角色塑造在艺术上达到典型化的目的。运用丰富的想象放大事物的特征,以增强表达效果。要使夸张有意义,因此夸张应该传达出以下功能。

(1)具有一定的传情达意的表达功能。

(2)具有表现某种抽象精神内容的象征功能。

(3)具有强调、放大动作特征的功能。

在动画片制作中应本着这样的原则来对动作进行夸张设计,通过动作夸张使得动画角色的塑造达到目的。

(1)刻画出角色心理活动过程,强化角色的性格,使动作的形象更鲜明,其内在的含义易于观众感受和理解。

(2)使动作的组织、连接顺畅,注重高低、轻重、刚柔、动静的起伏、对比、变化,使动作具有动画独特的形式美并产生视觉冲击力。

(3)通过动作的排列、组织和夸张设计后的角色更具有情绪化、个性化,而呈现出个性特色。

动画中的动作夸张处理的方法很多,基本上来自于以下4个方面。

(1)对人的情感动作进行艺术化的概括与美化。

(2)对自然界各种动态形象的模仿与借鉴。

(3)对人体动作潜能的挖掘。

(4)对人体动作规律的发展,变化出所需要的卡通动作。

我们可以在动作幅度、速度、动作节奏、动作极限位、力度、变形等动作特征上进行变化放大,也可以利用挤压拉伸、跟随叠加、预备动作等动作表现规律进行夸张处理。但是,夸张的手段不是随便使用的,也不能处处都夸张。夸张的动作要与一般性动作形成对比,并且应用在重点动作上,让观众理解这是重点情节,引起观众注意。经过夸张的动作不仅强化了视觉效果,通过动作的夸张也起到强化戏剧效果的作用,使角色更具有鲜明的表现性和个性。

动作夸张的同时要保持动作的正确性,不能违反基本的动作规律。动作夸张还要适度,过分地夸大或强调以至于不合乎情理,就会使观众产生歧义。因此,在夸张上对度的把握要看对表现主题、创造意境、渲染气氛和形象塑造是否具有重要意义。合理的动作夸张就会使动作生动、生趣并且耐人寻味,如图7-5~图7-8所示。

95

图　7-5

图　7-6

图　7-7

图　7-8

7.1.3　动作的情绪化

　　动作的情绪化表现是角色动画的突出特点,也是加强表演感染力的一个要素。在动画中,动作可以夸张,可以变形,甚至可以打破动作规律。但是,动作变化要能够正确地反映角色的情绪变化和个性特征,而不是为了夸张而夸张。

　　动画是一种将幻想变为现实的艺术。怎样评价一部动画作品呢? 我们不能用传统思维来评价一部动画的优劣,更不能用动作真实性来要求卡通动画。假定艺术的审美原则是——距离产生美。因此,创意很重要,在动画中动作创意更重要。动画特有的表现语言就是夸张,当然,动作的创意不是野马脱缰,可以任意驰骋。动作创意需要有想象力、趣味性和可信性。对运动状态的夸张表现要融入人对运动趋势或结果的视觉理解或心理预期,这是我们在动画中夸张地表现物体动作状态时应该遵守的一条重要原则。

　　对动作极限位造型的夸张与停格是动作情绪化设计常用的手法。根据剧情的要求以动作造型和动作节奏变化来突出角色情绪的变化,并且充满了想象力,这样的夸张才能够让人接受。因此,动作的可信性还是来自于动作的形式美感。其实,可信性来自于观众心理上的感受,如果一部作品观众特别喜欢它,也就很少对它的真实性进行挑剔了,如图7-9~图7-12所示。

图　7-9

图　7-10

图　7-11

图　7-12

第7章　表演动作 ◀◀

7.2 肢体语言的表演性

表演是一部动画片的表现核心,动画片通过表演来传达剧情、推动情节。表演艺术在创造角色的同时,成为观众欣赏动画演出时的注意中心,从而构成与观众交流、共鸣的桥梁。但是,在动画片中的表演区别于其他的表演形式,它不是由演员来表演,而是由动画师通过动画制作来实现。然而,动画角色的造型又具有很强的形象感,要求生动准确地表现。因此,动画的表演就更加难以把握,难度就更高。表演艺术在动画各艺术成分的综合表现中是占中心地位的。将角色的内心活动,包括思想、感情、意志及其他心理因素直观外现出来,就要有效地运用表演手段。

任何艺术形式都是随着时代的进步不断发展的,都不可能是一成不变的。对于动画表演也同样如此。表演动作主要是由动机、造型、节奏、力度4个要素所组成的,而构成动画运动的4大表现要素是空间、时间、重量、流畅度。因此,对运动表现夸张与强调的研究也应该从上述几个方面入手并加以创新。

7.2.1 动作三要素

表演是一个展现过程,在这个过程中动作的逻辑性占有重要的支配地位。特别是对于角色的表演动作来说,首先要能够让人判断出他要做什么。同时,要能够让人理解他为什么要这样做,并且展示出他动作的全过程,即让人看到他是怎样做的。这就是表演动作过程的三个环节,也叫动作三要素。

简单地讲,如果欣赏一段动画片,我们看到的是动作过程(怎样做)。动作过程可能是琐碎的,是由多个动作组成的。但当我们看完了这些动作后,脑子里自然会产生判断,这些动作都是在为完成同一个任务(做什么)。这时,我们就会想这样做的目的是什么(为什么做),于是产生了好奇心,急于想知道结果。当我们看到了结果,又会想起刚才的表演过程,于是根据自己的判断和感受来评价这段表演好不好。因此,让观众理解这些动作的逻辑性、合理性是表演的前提。

以上是从欣赏的角度来解释表演过程。然而,从动画片设计的角度上讲,表演动作要符合三要素设计的基本要求,即做什么、为何做和怎样做。这样就构成了动作的逻辑性,由于动作的因果连续性,一个动作由另一个动作生发出来,同时又引起其他动作。即每一场戏都是由一个因果相承、持续发展的动作体系构成的。因此,在动画片的故事层面,要求剧本形成完整的逻辑链条。这些工作由编剧和导演来完成,但是,在动画片制作中编剧和导演代替不了动画师,具体的动画制作还要靠动画师来完成。因此,从动画制作的角度来讲,动画师的工作虽然只是在展示动作过程(怎样做),但要求动画师在理解剧本的基础上,必须像角色一样对规定情景有真实的感受和体验,这样才能充分发挥自己的能动性,按照角色的思想、性格和行为逻辑来精心设计动作。客观地分析动作的起因,挖掘角色的行为动机,在动作逻辑链上展现出角色内心的情感变化,才真正达到了表演的目的,如图7-13~图7-16所示。

图　7-13

图　7-14

图　7-15

图　7-16

7.2.2　动作强调

　　强调则是对某个动作或情节所作出的一种视觉效果。这种视觉效果是对情节要素进行客观合理的夸大并对动作有所补充,其目的是引起观众的注意力。通过对情节要素的放大,扩大事物的特征,增强表达效果,给观众以丰富的想象,为后续故事的发展做好铺垫。

　　动画是一种对运动的虚拟表现,动画中对运动或动作的表现不是对真实运动的模仿和再现,而是要通过夸张、提炼等处理后形成艺术化的运动。它更多的是要符合人们对运动趋势或效果的视觉理解和心理预期。看似不真实的物体运动状态却真实地反映了人们对运动的感受和理解。经过夸张与强调的动作不仅强化了视觉效果,而且使角色更具活力,有了鲜明的表现性和个性。运动表现夸张一般针对以下几个方面。

　　(1) 对动作结果进行夸张。

　　(2) 对动作过程进行夸张。

　　(3) 对表情夸张。

　　(4) 力度感的夸张表现。

　　(5) 对动作幅度进行夸张。

　　运动中的夸张变形有别于静态造型的夸张变形。静态造型的夸张变形是指采用夸张变形手法设计角色的固定形象,而运动中的夸张变形是用夸张变形手法来突出动体在运动过程中较短时间或某一瞬间所产生的变形现象。随着动作过程的发展,很快就恢复为原来的

99

第7章　表演动作

标准造型,这就是挤压拉伸。挤压拉伸是动画动态表现中普遍使用的一种变形基本方式。它一方面可以表现运动中的变形夸张,强调物体形变的程度来表现力的作用。另一方面,它可以为动体赋予生命、增加活力和趣味性。变形幅度的大小取决于物体所承受的外力,还能够表现出自身的重量、质地和弹性等属性。因此,挤压拉伸动态变形的内涵丰富,是动画中最重要的表现手段。通过动态变形使动作具有一定的弹性是动画中追求的一种独特审美。正确地运用这一规律能够使角色充满活力、情绪饱满、形象生动而感染观众并产生认同感。

概括与简约是动画设计的一个原则,通过概括和简约使动作简化并突出重点。动画片的节奏比真人演的影片要快得多,由于丰富的表现性动作,而使情节的开展特别迅速。它要求用明确的、具体的行为动作来说明剧情,而不宜用大量对话(或旁白)来交代故事。因此,通过概括与简约来夸张动作,强调视觉形象的艺术力量是动画中常用的方法。但是,这种夸张要针对动作的特点做深入分析,简化多余的部分而突出重点。经过概括与简约处理后形成新颖的动作关系才是动作夸张的目的。

对运动夸张表现的研究与探索不仅丰富了运动表现手段,也使动画出现了新的创意。通过对动作特征的放大与改变,出现了双跳步法、潜行、卡通跑、蹦跳行走等动画特有的动作形式。运动夸张表现极大地丰富了动画艺术语言,对运动状态的夸张表现要融入人对运动趋势或结果的视觉理解或心理预期,这是我们在动画中夸张地表现物体动作状态时的一条重要基本原则。运动夸张还要有对比性,不是所有的动作都要进行夸张处理。对于一般性动作可以简化概括,而对于重点动作则需要进行夸张处理,由此也体现出对动作的强调。强调动作也就是要着重表现的动作,一般用在头、手、身部分的局部动作上,或放在对话的重音上,并要造成适当的视觉冲击力。让观众理解这是重点情节,引起观众对重点动作的注意力。运动夸张常常与表情动画配合,可以加强戏剧效果。总之,运动表现夸张的结果应该是:

(1) 加强动作力度感的表现。

(2) 为动画增添活力、戏剧性和反差。

(3) 加强运动的流畅性和动作灵活性的表现。

(4) 体现运动中作用力和重量感的表现。

(5) 动作是表演要素,要通过动作的夸张突出强化角色的情绪,如图 7-17~图 7-20 所示。

图 7-17   图 7-18

图　7-19　　　　　　　　　　　　　　　　　　　图　7-20

7.2.3　动作创美

影视表演专业中常说的一句话是"不像不是戏、太像不是艺",这句话一语道破了表演的艺术规律。动画表演也遵循这个规律。动画表演以动作为主,因此,动画中动作的设计首先要服从表演的基本要求。此外,动画的动作还有其自身的特点,动作的设计需要变化,动作需要创意。在动画中的动作分为两种类型:原型动作与动作变化。原型动作就是动物原型自身的真实动作,原型动作是动作设计的基础。在动画片中仅有原型动作是不行的,大量的动作要在原型动作上进行变化。对于主要动作的设计通常要运用动作变化,特别是卡通风格的动画片中大量应用动作变化来表现。动作变化中的一个特点就是动作的创美,动作的创美不仅表现在造型上,在运动过程中要体现在以下三个方面。

（1）动作要有节奏感。

（2）动作要有弹性。

（3）动作要有柔韧性。

特别是对装饰性的动作要进行美化设计,这也是动画片对动作设计的基本要求。卡通动作的美感,要求对动作的节奏、韵律和构图适度掌握,从而获得轻松、灵活、自在的动作表现。动画的运动之美通过角色动作的设计体现在作品中,这些充满活力、情绪化、富于感染力和戏剧性的动作特质会给作品增色。即使是没有对话,没有音乐的动画片,通过戏剧性的卡通动作的设计也会清楚地让人理解它的事态发展、情节变化和角色的心理意向。

认知心理学的研究结果认为,从客观上看,动画故事本身就具有非现实性,如科幻、神话等题材,因此不能用真实性来要求它,而它之所以吸引人在于它的可信性。可信性是一种似乎有可能的不可能,它是由事件自洽性设计所决定的。动画的理念之一是将不可能的过程变得可信。如何将一个不可能的过程变得可信呢? 这个问题很复杂,影响要素也很多,众说纷纭,各执一词。认知心理学认为影片在三个不同情感层面上吸引着观众。首先要通过调动观众的情绪和情感唤起本能层面的反应,受好奇心的驱使进而将观众带入到影片的情境中去。通过故事线索的设置、剧本的策划以及角色的表演进一步把观众的思维带到虚拟的世界中,开始视觉体验。这就是行为层面。一部动画片在带给观众快感的同时还会带给观

101

众思考,这就是反观层面。观众会对故事的自洽性进行反思,经过理性判断进而对影片中的情境和角色产生认同感。

本能层面的反应来自于受体的感受系统,因此,要求作品具有非常好的视觉表现力。动画就会变得更富有想象、更有趣,产生意想不到的新奇感,这在认知心理学上叫作吸引力,在动画中叫作视觉表现力。视觉表现力在动画艺术中是非常重要的。这个词不仅是指可爱的卡通形象的造型。对于动画来说,它意味着让人喜欢看的、有迷人品质的、设计完善的、简约的、能够与之沟通的和有吸引力的任何方面。总之,人们喜闻乐见的一切、具有视觉上吸引力的都可以说具有良好的视觉表现力。视觉表现力是动画作品的一个重要的评价标准。视觉表现力无论是从动画的艺术性上,还是表现性、技术性上都可以作为一个综合评价标准;一幅造型很差的画面缺乏吸引力、一幅复杂的或者难以被理解的画面也同样缺乏吸引力,乏味的设计、拙劣的形状、笨拙的运动,它们的吸引力都是很低的。而观众喜欢看一些有吸引力的画面,不管它的表现手段、角色造型、运动方式或者整个故事情景如何,首先,生动的画面才具有吸引力。能给人们带来视觉享受和精神愉悦的艺术作品,一定具有非常好的视觉表现力。从心理学上讲,这就构成了可信性的先决条件。因此,现代商业动画片就很重视这一点,否则就将失败。

最佳的视觉表现力应该是:

(1) 动画形象要具有视觉上的吸引力,这一点非常重要。对于假定艺术而言,如果没有视觉上的吸引力,那么艺术质量就会大打折扣。

(2) 动画角色要具有亲和力,并且通过运动很好地表现出角色的个性、性格特征、气质、风度等内在素质。

(3) 动画艺术中的动作不能太生活化,要经过夸张、变化、提炼,使之具有特殊的美感。

(4) 运动应具有节奏感、韵律感、艺术性,通过对运动感的视觉物化唤起人们对各种运动形式的经验或美感。

动画片中的形象,你只要一看,你的眼睛就会被那迷人的造型所吸引住,并且想完整地将动画看完。视觉吸引力在很大程度上,取决于动画师的刻画能力、色彩能力和线条的表现力。动画中造型的优雅与精致的标准是简洁而准确、生动而夸张。即使是一个充满了无情和残忍的反面角色也应该有视觉吸引力,否则,观众就不愿意去关注他在做什么。丑陋的和令人厌恶的角色可能也会出现在动画片中,但那只是剧中对比的需要,而非作为主要看点。

有了良好的视觉表现力,就为可信性的设计奠定了基础。动画片的可信性首先由故事逻辑的自洽所决定,此外也来自于动作与运动中的表现。动作与运动的可信性十分重要,即符合人们对各种运动形式的经验或感受。因此在动态制作中要注意以下几点。

(1) 要正确地运用自然规律、运动规律,通过强化表现物体的运动属性和外界影响因素来获得令人惊骇的戏剧效果。

(2) 合理地应用调速手段来设定节奏。

(3) 动作具有表演性,但是,动作夸张的目的要落实在推动剧情、塑造角色上。

(4) 保证动作和运动的流畅性,如图 7-21~图 7-24 所示。

图　7-21

图　7-22

图　7-23

图　7-24

7.3　动作的协调性

　　动作的协调性是指人体各部分的动作相互之间的有机配合。如果动作协调性不好,看上去会让人感到很不舒服,动作很生硬、缺乏真实感。肢体动作应符合人体运动的客观规律的特征,应当充分认识人体解剖以及运动力学的基本规律,如对外界条件的反应、发力动作的发力方式及细节变化等。动作协调性在真人实拍的电影中不存在,那是由于人的生理反应所使然,但是,在动画制作中这个问题就十分突出了。因此,这个问题要引起我们的重视,好的动作的协调性会使角色动作自然、生动活泼。

　　非线编辑器是协调各种动作配合的最佳工具,非线编辑时要注意各种动作在时间上的配合。同时,非线编辑器也可以进行动作的叠加制作,因此,对于表演动作的加入,以及表演动作与主动作之间的协调性制作都离不开非线编辑器。

7.3.1　眼神配合

　　前面学习了动作的三要素,三要素构成了情节的逻辑性。而对于动作来说也有它的逻辑性,一个动作的产生来源于对事物的感受,由感受引起大脑神经的活动。在大脑神经的支配下,人体做出了相应的动作反应。这三个环节组成了动作的逻辑性。缺少任何一个环节,动作的协调性都会遭到破坏,动作的真实感也就不复存在。那么,怎样落实到具体的动作上来呢?眼神与动作的协调配合最为重要,眼神是动作的引导。因此,眼神要先于动作,这也是由人的生理本能所决定的。即眼神在动作之前,也表现出人对事物的反应能力。因此,眼神与动作的配合关系是角色动画制作中的一个重点,也是动作整体感的一项基本要求。

在表情动画中,眼神也是一个重要的表现要素。眼神的细微变化加之细腻的面部表情变化能揭示出角色潜在的感情和复杂的心理活动。眼神在动作过程中的配合起到了动画角色传神表现的重要作用。没有眼神的配合,表演就会呆滞或流于肤浅,如图7-25～图7-28所示。

图 7-25

图 7-26

图 7-27

图 7-28

7.3.2 表情配合

作为表演要素之一的表情要与肢体动作相互配合,才能表现出生动的效果,即在动作中带有表情。表情要做到与肢体动作配合,一方面要将表情传递到角色全身模型上,另一方面还要在时间上与肢体动作配合一致,如图7-29～图7-32所示。

图　7-29

图　7-30

图　7-31

图　7-32

在第 6 章中学习了表情动画的制作与编辑,但这些表情动画的制作都局限在一个头部模型上。如果我们的制作到此为止,那么,在表演上就会产生脱节。有的动画片就是这样,当角色有动作时就没有表情,而有表情时就没有动作。尽管可以靠镜头的切换来掩饰这种缺陷,但是,这样的动画制作就失去了表演的生动性。因此,将表情动画转递到全身模型上就是完整表情动画制作中的重要一环。

为了适应 PC 的运算速度,一般将表情动画、口型动画与动作制作分开。然后再将表情动画、口型动画传递到动作模型上。关于这个部分的动画配合制作,在第 8 章中将展开讲解。

7.3.3　动作节奏感

在角色动画中,无论是内部动作(心理动向)还是外部动作(肢体语言)在速度上都有快慢之别,速度的快慢构成节奏。节奏是贯穿在表演过程中的一种交替出现的、有规律的现象,并且可以反映在强弱、长短、张弛等动作表现要素上。生活经验告诉我们,无论说话、动作还是表情变化都有某种速度节奏,人的每一种情绪、心境都有不同的速度节奏,而每个人性格不同又有其不同的速度节奏特征。在动画中,无论是运动设计还是动作设计,节奏的动态表现是重中之重。特别是当运动节奏与动作节奏组合时,就形成相互叠加的运动模式。

产生不同的视觉动感,有高昂有低沉,有流畅又有凝重,众多的节奏起伏构成复杂多变、相互交织的复合旋律。通过节奏变化使角色的性格特征外化鲜明是动画艺术的最高表现目标,并且要抓住人物独特的心理特征、准确的思想情感和典型的细微神态,求得神似。避免影片创作中角色动作生硬、表演缺乏生气的现象。动画角色的动作与真人角色最大的不同就是动作节奏感。动作节奏的情绪化表现要求动作节奏感要变化多端,并且要揭示角色的心理动向。

动作是动画艺术的核心。动作需要变化丰富,同时动作也需要传达出美感。动作创美的目的是加强动作的流畅性,减少动作的单调感,使得动作不僵硬并充满活力。动画中动作的创美表现在运动美和动作造型美两个方面。运动美是指动体在运动中运动轨迹、速度、方向、节奏、力的表现以及运动属性等要素上进行变化,使动作形成韵律。韵律是节奏的延伸和发展,是动作之间和动作与动作之间速度的重复变化。动作韵律还使身体各部位产生连绵起伏的流动线条,与音乐的起伏和谐统一,产生出强烈的美的魅力。运动美化的方法还表现在动作弧线化上,动画中的动作无论是哪一种类型,其运动轨迹都应该进行弧线化设计。其次,要通过挤压拉伸变形手段来表现动作的活力。动作造型美是指角色的动作构图、动作力度和动作幅度。特别是关键帧原画提取的动作造型,直接关系到后续连接动画的质量,因此必须从造型美的角度对动作幅度、身体动态线、重心、高低位等身体要素进行把握。结合动态制作才能产生不同的动作力效。

动作富有节奏的连续性的变化美、静态的造型美、动静结合所形成的组合形式美,以及动作语言的运用,在这些方面以舞蹈动作设计的成就最高。舞蹈动作所具有的表情性、表意性、象征性、比喻性、寓意性以及多义性等功能,既有传情达意的指向性,同时又达到了艺术化的夸张,使其具有非常丰富的艺术表现力,因此是动画设计最为重要的参照。

对卡通角色的动作创意是动画艺术的最高成就,即使是在三维计算机动画和计算机游戏中也大量引入卡通动画的动作形式。卡通动作必须具备节奏、韵律、有序、造型等诸多美学要素,为视觉效果服务。同时又要体现出逻辑性、动作动机、传达感情、塑造性格等表演要素,为表现作品蕴含的主题服务。完美的卡通动作的设计,使得角色既生动可信又具有高度的审美价值,合情合理,形神兼备,能感染观众,使作品达到内容和形式的完美结合与高度统一,艺术的真实性与艺术的假定性相统一,形象的准确性与生动性相统一。

动作设计以及动作制作是动画师的首要任务。动作设计是动作制作的前提,动作分析是动作设计的前提。如果对一个动作不加以分析,就很难谈得上深入制作。我们评价一个动作制作得是否到位,也都是从动作分析上来审视它。因此,动作分析在动画制作中的重要性不言而喻。

在一个表演过程中,角色的心理分析可以看导演阐述。但是,要将这个表演过程落实到动作中去,就只能靠动画师的理解和制作了。动画师在制作之前的准备阶段主要先进行动作分析。动作分析是动画动作造型设计的基础,动作分析得到位,角色就富于思想性,动作造型就生动,动作就富于联想。动作分析无论对于动画教学还是对于动画创作来说,都是一个有待于深入研究的课题。通过动作分析进一步理解剧情后,才能开始进行动作设计。

角色动画的核心是动作设计,动作设计是为动画表演而服务的。动作有一定的目的性,这就是动作的动机。因此,动作设计要与剧本的情节设置相吻合。然而,动作设计不仅是对表演艺术的开发与创新,动作也是运动造型和动态表现的具体体现。那么,在动作制作中怎样将这些动作理念落实到一个动作的造型和动态表现上,就需要通过具体的动作分析,构思一套动作的构成关系。动作设计不是针对单个的动作,而是针对一套动作组合过程而言。要设计这一套动作中的关联性,还要注意动作之间的协调性。在三维动画制作中,动作可以不断地通过叠加来完善,可以不断地进行修改。动作设计不是一个空泛的概念,要结合动作制作的方法来进行构思,这就要求动画师要全面掌握制作技术并具备娴熟的制作技巧。

动作设计为动作表现而服务,在三维动画制作中动作可以不断加以叠加、调整。因此,即使是规定情境相同,动作设计也永无止境。但是,在动作的创意与动作的设计上也有一定规律可循,因此,这里只是对动作设计方法的一般规律加以讲解,为我们今后进行深入动作设计打下基础。

 学习目标

(1) 动作分析是动画师制作的基本功,要熟练掌握动作的构成关系。

(2) 熟练掌握动作制作的流程。

重难点

(1) 本章重点是正确地表现动作的完整过程。

(2) 本章难点是发力方式和发力感的表现。

训练要求

（1）熟练掌握表情动画传递制作的流程。

（2）熟练掌握角色动作制作的基本步骤。

8.1 动 作 分 析

作为动画师设计或制作一个动作，不仅要从表演艺术上来分析它的逻辑性、表现性，还要从动作构成关系上来分析它的组合性、完整性和协调性。

一个动作的产生是由角色的动机所决定的。在动画表演中既要要求这个动作符合角色的外部特征，同时还要反映出角色的个性特点。但是，在具体的动作设计和制作时，又需要符合人体运动解剖的规律性、合理性。动作的完整性又是由动作的阶段性组成的，这些动作段类型不同，又有自身的表现特点与合理性。因此，首先从动作类型入手，进而分析动作过程的组合关系以及协调性。

8.1.1 动作类型分析

从动作制作的角度上讲，一个动作流的制作可以通过不断地叠加，不断地组合来完成它。这是调整和修改阶段中的主要任务。然而，从动作设计的角度来讲，要将一个动作流分解为几个段落，这就是动作的构成。从动作的构成关系来讲，一个动作流是由几个动作段构成的一个有机整体。如果分解开来，动作的完整性又是由动作的阶段性组成的。这些动作段贯穿在一起，形成一个完整、连贯、有机的动作流，看上去应该是合理、自然、流畅的，并且其中含有动作的意向，从而达到动作生动、有神的目的。因此，在设计一个动作流之前，需要对每个动作段加以分类、分析。

1. 主动作

主动作就是一系列动作组合中的主要核心部分。主动作有明确行为动机和动作目的。主动作从动作状态上分为：有发力感的动作，突发性的动作和一般性的动作。

主动作是动作设计的核心，因此在动作设计中要突出它的地位，突出它的目的性。一般情况下，有发力感的主动作前面要有预备动作作为铺垫，并且突出主动作的发力状态，叠加一定的表情变化作为二级动作。而突发性的主动作之前一般没有预备动作作为铺垫，但突出表情变化和缓冲动作。一般性的主动作之上要叠加一些表演动作来加强动作的表意，并且要调整动作的交搭关系。

2. 预备动作

当一个主动作有发力的要求时，如何充分表现这样的主动作呢？应用预备动作是解决该问题的一个很重要的手段。预备动作虽然不表达一个角色的动作动机，但是它可以表达一个角色正在做什么，或者下一步打算做些什么。

有发力的主动作之前的动作就是预备动作，这是动作预期的第一个功能。动作预期是一个过程，也是发力之前的一个积蓄力量的过程。而在这个过程中的具体动作叫预备动作。

随着动画表现的深入研究,动作预期又有了它的第二个功能,就是为主动作做铺垫。它可以让观众预见到下一个将要发生的动作,从而为主要的动作做好铺垫。这样才会更加吸引观众,对后面的事态发展产生期待。早期的动画之所以令人感觉很突然、生硬,很难吸引观众们的注意力,主要就在于没有给观众看清动作的意图,并且没有给观众思考的时间。预备动作的加入,无论在视觉形象上还是在时间分配上都解决了上述不足,实际上这也是对叙事节奏的一种调整。因此,预备动作就不仅是用在发力的主动作之前,作为一种吸引观众注意力的普遍原理也被广泛地应用在其他主动作之前。我们现在看到的动画片,其中有大量这样的表现方法。

我们还可以利用对动作预期的期待心理制造悬念。产生所谓"情理之中、意料之外的惊喜"指的就是观众正在期待着自己预计的事物发展的结果,而等到的实际结果却与他们预计的相反。如果观众没有预先的期望,那就不会有惊奇的效果。同样,如果在动作的过程中没有加入预期效果,那给人的感觉只会是一系列毫无意义的惊奇。因此,从这个意义上讲,预备动作在动画中的运用不仅是为发力而积蓄力量,而是一个可以普遍运用的解决方案,这也是动画中常用的表现方法。

3. 缓冲动作

在有发力的主动作完成之后的动作是缓冲动作。缓冲动作是动作停止前的一个惯性减速阶段,从概念上讲不难理解,生活中我们都有这样的体会。然而,在动画制作中当一个角色进入镜头,开始做他的动作直到完成他的动作,时常会觉得他的动作十分突然,并且很快就完全停止了。这让人感觉到动作僵硬、很不自然。这种现象引起了动画师们的注意,后来发现这是由于动作的启动与停止太突然所造成的。于是就有了这样的理念:"动作是不能突然停止的,应该是先停止一部分,而后再停止其他部分。"于是,动画师就试图用几个不同的方法来改进这种现象,运动跟随和动作交搭就应运而生了。

运动跟随是利用角色身上的附属物来缓解视觉上的突兀,但这是有条件的。如果说运动跟随解决了运动中的动感表现问题,那么,当角色身上没有附属物那又当如何,这就要说到动作交搭的作用了。

动作交搭是指身体各部分不要同时运动或同时静止,而要有一些相互拉扯、牵带、扭曲或者旋转的相对运动,以使动作丰富而自然。如果动体突然都不动了,那么镜头画面会给人以莫名其妙的感觉,显得很不自然。动作交搭就是让身体各部分不会同时运动,而是有一定的先后次序,产生一定的相互连带关系。这样,当身体各个部分有相对的运动时,还会在外部形态上产生一定的压缩。当其中一部分到达停止点的时候,其他部分可能还在运动。如一个人从高处跳下,他的脚先着地停止运动,但身体的其他部分还在运动中。

运动跟随与动作交搭往往互为补充,我们能够想象在身体停止运动后,胳膊或者手可能还在继续它的动作。当然,这种动作交搭的设计要有想象力的话,创意就比较难。为了丰富动作,往往也利用运动跟随来作为补充。比如利用衣服、头发的跟随来丰富动感。为了使动作顺畅、清晰,在视觉上得到缓冲,动作交搭还要适当配合停格手段。但是,要注意停格的运用不能影响和破坏动作的流畅性。

4. 二级动作

二级动作一般叠加在无发力的主动作中,即带有表演性的肢体语言动作或表情。而有发力的主动作中一般不叠加二级动作。但是,在预备动作中叠加有二级动作。

二级动作是在主动作基础之上加入的一个额外的动作,目的是辅助主动作,因此也称为次要动作。二级动作和主动作保持着从属关系,即二级动作始终要服从于主动作。也就是说二级动作对主动作只起加强、渲染的作用,因此,它是一种在主动作之上添加的表演动作。从地位上讲,二级动作的设计与应用要从属于主动作的特性。也就是说,如果它与主动作发生冲突或变得比主动作更强烈、更具有主导作用,那就说明选错了二级动作,或者是二级动作设计得不合理。从目的上讲,二级动作是表演辅助手段,因此,应该从情绪刻画的角度来设计二级动作,使主动作效果更加显著。一般在设计动作时,首先要确定主动作,当主动作设计达到满意后,在镜头规定时间内来添加二级动作。二级动作设计的结果应该是强化了主动作,使整体动作更加自然,丰富了画面,使表演更加完美。

8.1.2 动作过程分析

一个动作过程也称为一个动作流,它是一个时间过程,也是一个表演过程。在这个过程中,动作的变化构成了推动情节发展的逻辑链条。各动作段有机地组合成完整的动作流,并表现出角色的精神状态、情绪变化。因此,我们还要分析各动作段的组合关系以及它们的协调性。

1. 心理表现

动画师在设计动作之前,首先要明确的是动作任务。抓住剧作的任务来设计动作过程是正确表演、正确行动的前提。在设计动作时必须依据具体的规定情境和人物的性格,还要弄清任务与目的的关系。因为目的不同,动作也会不同,动作时的心情、心理状态以及动作的节奏、进行方式也就不一样了。这是在设计动作之前,必须要首先明确的问题。

我们的专业是制作动画,学习动态造型的目的是为动画制作服务。那么应如何来设计动画?光有造型能力还不行,还要学会动作分析。分析得好、分析得正确,我们的设计和制作才不至于出现大的偏差。动作分析的起点是心理过程的分析,由剧本的情节规定,先明确角色的动作目的,再来表现它才能有的放矢。

2. 主动作的确定

根据导演阐述,首先要明确动作三要素,由此进一步确定主动作的类型。通常,主动作都是有非常强的目的性,因此表演性并不强。而预备动作作为主动作的铺垫,就可以通过夸张、强调等手段来表现它。同时,如果没有预备动作,一般情况下也违反常理。

主动作中也要应用动作交搭来丰富情节性和想象力。如一个人由正面转向侧面,可以先转过眼神,再转过头部,最后转过身体。这样就比整体的一起转动要自然、有创意。主动作虽然有明确的动作目的,但是,对于一般性的主动作设计仍然要强调动作的形式感。

3. 预备动作的添加

在主动作之前加入预备动作也是动画表演动作的一个特点。预备动作的目的不仅是为表现出主动作的发力感而积蓄力量,而更重要的是为主动作做铺垫,对观众给出动作预期。因此,从动作表演的角度来说,预备动作是表演的核心部分。有的时候角色还可以做出两次预备动作,就更能反映出心理状态,更带有表演性了。从这个意义上讲,预备动作可以应用在一般的主动作之前,而不是仅对于发力动作,它是丰富情节的一个重要手段。从动作表演的角度上来说,预备动作也是一个重要的表演动作。

举例来说,当一个卡通角色把手伸进口袋里去拿一件东西时,如果将手慢慢从口袋中拿出来,这个动作就会显得很拖沓。通常,这个动作就像变戏法一样,一下子就把东西拿在了手上,但观众同时会发出这样的疑问"它究竟从哪儿拿的"。解决这样问题的办法就是在"拿出"这个主动作前,加入动作预期。有足够的时间和镜头画面来表现手和口袋的关系、掏口袋的动作,并且要让角色的视线跟着手动。眼睛注视着口袋,这个低头的动作非常重要。作为观众视觉的引导,看清楚了这些,观众就能预见到接下来要发生的事情了,也就不会觉得是在变戏法了。动作预期必须以肢体语言来传递信息,为强调动作预期常通过角色的眼神、表情来突出表演性。

4. 缓冲动作的设计

缓冲动作是发力型主动作之后的一个惯性减速运动。缓冲动作结束后,角色应处于静止状态,因此,缓冲动作的设计是表现惯性减速的过程。一方面确定角色的静止状态造型很重要,另一方面缓冲动作设计涉及角色运动中体量感、重量感、力量感、速度感的表现。这些表现要素又有适当的夸张,来突出角色的形象特征。

缓冲动作的设计并不复杂,我们生活中对它也有很多体会。设计缓冲动作可以来自于我们日常生活中的感受,在非线编辑器中对缓冲动作的时间分配也很灵活。缓冲动作制作的难点在于动作交搭,动作交搭的多样性、合理性是设计缓冲动作表现力的具体体现。

8.1.3 动作心理分析

二级动作如何来设计呢?也就是说,什么是好的二级动作呢?好的二级动作的表演创意就是体现出角色的心理活动。因此,在二级动作设计之前,对角色的动作心理分析就十分重要。作为表演辅助手段,二级动作的设计就要以突出、强调角色的情绪、感情、心理状态(内心活动)为目的——这是表演的核心。表演是一个动态表现的过程,因此,要设计一个二级动作还需要配合一定的情节,但是,从动作设计的角度来审视,情节并不是重要的,重要的是二级动作本身的表达性。

例如,一个人看到别人打高尔夫球觉得很容易,因此不屑一顾地走到了球位。拿起球杆轻蔑地看看(二级动作),做预备动作后,发出主动作击球。但是结果没有击到球而引起了哄堂大笑(主动作结果)。这个人没有沮丧,心里想"哼! 有什么了不起,我打球不行,可干别的你们也不如我"(心理活动与个性)。他扬手扔掉了球杆(主动作),挺着胸不屑一顾(二级动作)地走(主动作)了。在这一连串的动作中有主动作、预备动作,还有表演性的二级动作。通过二级动作的设计表现出了角色的心理活动、性格特征和情绪变化。有了二级动作的设计,使得角色栩栩如生、更加人格化了。故事情节也具有合情合理的可信性,表演动作也充分反映出角色的心理活动,使角色丰满起来。

二级动作作为一个专题提出来,说明它在动画中的重要性。动画就是一门表演艺术,但它又不是我们在实拍电影中看到的生活化的表现风格,而是夸张风格的表演。实拍电影中的表演是由演员来完成的,而动画片中的表演要靠动画制作来表现。因此,动画片中最忌讳的是,将动作制作出来了,但看上去却像一个没有思想的木偶。精彩的动画片在动作上要处处体现出角色的活力,这就需要开发大量的二级动作。作为动画师就必须通过对动作的观察、经验的累积,丰富对二级动作的创意,形成动画师自己的一套表演技巧。而这些创意都来自于对角色心理的正确分析。

8.2 动作设计与制作

动作设计以及动作制作是动画师的首要任务,在动画中动作设计的重要性不言而喻。动作主要是由动机、造型、节奏、力度4个要素所组成的,其中任何一个要素的变化,都会使这个动作的内涵意蕴发生变化。因此,要在对动作过程进行认真分析的基础上,合理运用夸张手段,并发挥动画创作主体的独创性。

通常,动画动作的设计多根据人物各种激越的情感或特殊的需要而创意。动作的设计能够做到展示角色的心态、刻画出角色的性格、表现出角色的独特个性或者抒发出角色的某种情感,同时,动作组织有序、符合动画审美规范,那就是一个颇为成功的创意。动作设计如能进一步表现出力量感、重量感、律动感,富于鲜明节奏感和韵律感,就将更加完美而成为动作创新的范本。评价一个动作的设计就以此为标准。

8.2.1 动作设计步骤

动作设计的步骤一般是由初始关键帧设置过渡到关键帧造型,再由关键帧造型过渡到下一个关键帧造型,由此构成动画连接。在初始关键帧设置阶段,动作设计就是采用"叠加"的方法,以主动作为中心逐渐叠加、逐渐扩展。本节就是针对初始阶段的构思与创意展开讲解,主要分析其构思过程和设计方法,使读者对动作设计有一个基本的直观认识。具体的制作方法,将在第10章中讲解。

1. 主动作的确定

发力的主动作不必添加表演要素,但可以进行动作强调。通常是利用姿势位片段来制作。对于有发力感的主动作设计,在动作速度上要快,因此,时间短、幅度大。并且在它的前面添加预备动作,有蓄积力量的意味。还要为它加入缓冲动作,表现发力后的惯性。

对于突发性的主动作设计,在动作速度上快,因此,时间短,但是动作幅度不大。可以在它的前面添加动作预期,引导观众注意力。

上述两种主动作其发力感的表现很重要。关键是确定发力的方式,如果发力方式是错误的,动作的力度感就会被破坏。因此,在制作中对发力动作的叠加要有深入的分析,动作交搭要符合对发力状态的刻画。

对于一般性的主动作设计,主要考虑动作过程中的慢进与慢出,特别要注意眼神对动作的引导。铺垫性的预备动作使主动作有预感、有节奏变化,使动作表现趋于完美。

2. 预备动作的添加

预备动作如果是针对有发力要求的主动作来设计的,一般情况下与主动作在一个片段中制作。一般情况下,预备动作与主动作的动作方向相反,速度缓慢而富有表演性。因此,在动作设计中预备动作常常是设计重点。对于动画艺术来说,预备动作的创意是最丰富的,也是最夸张的部分。在动画片《猫和老鼠》中,对同样的一个主动作就有大量不同的预备动作设计与之配合,因此,看上去就非常富有动作意向上的变化。

对于铺垫性的预备动作,一般情况下与主动作分为两个片段来制作。

预备动作的形式变化,可以有各种各样的奇异想法,在动作地位上甚至也可以超越主动作。一些细微的动作变化,或者幅度很大的身体动作都可以用来作为预备动作。但是,一定要与角色的性格相吻合,如果与角色性格发生抵触,那就是失败的设计。

动画中角色所表现的情绪与信息必须有效地传递给观众,也就是用人们能理解的肢体语言来传递。这就是表演的基本目的,预备动作作为与观众沟通的桥梁,让角色的动作带给观众清楚的预期性。这个角色做出了这个预备动作,观众就能推测他接下来的行动。反之,则难以说服观众将注意力投射在角色上。如果没有一组有序的动作一步一步地来引导观众,那么观众在荧幕上只能看到一个运动的画面,却不能理解其中要表达的意思。事实上,在每一个动作发生之前,都有一个准备和预期的动作,它可以让观众预见到下一个将要发生的动作,从而为主要的动作做好铺垫。其实,这是戏剧表演中惯用的手法。因为如果没有预期动作,观众就会感到不知所措,并会有"他在做什么?"的疑问。动作预期也许不能表达一个人为什么做某事,但是它可以表达一个人正在做什么或者下一步打算做些什么。这样,观众才能期待下面的发展,才会更加吸引观众。

3. 二级动作的表演创意

二级动作是动画中最重要的表演动作,也是创意难度最高的动作。前面讲过动作表情是表演的基础,二级动作的创意就是对动作表情的开发与应用。我们还知道有些客观条件反射所形成的动作,如吃喝拉撒睡就不是肢体语言。那么,在动画片中如果出现了这样的动作,就需要添加二级动作了,否则,动画片的艺术性就会大打折扣。

二级动作是附加在主动作之上的表演性动作,当然紧跟在主动作前后也是可以的。高级的二级动作设计固然很难,二级动作比较简单的制作方法就是加入表情动画或手势动画,侧重于表情与动作的配合关系。作为表演性动作都要配合一定的情节,因此,对情节的分析以及对动作三要素的分析非常重要。在这一点上由导演来阐述,但是具体实现还要靠动画师的绘制。

一般情况下,主动作具有明确、清晰的动作动机和逻辑性、目的性,而不带有过多的表演性。如果要增加主动作的表演性,就要通过辅助手段来完成,这就是二级动作。从表演艺术上来审视,二级动作是一个表演动作。作为一个表演动作来说,它一定要表达出某种情绪。因此,二级动作以表情动画或手势动画居多。

在动画表演中最忌讳的是二级动作不达意或隐晦,严重的会使整个动作显得很含混,或者不合乎逻辑。因此,动画师常采用叠加的办法来设计二级动作,这样就容易使所有的动作组成部分建立正确的关系。首先确定好动画最重要的动作,并且构思完整的表现方法。其次,在镜头中增加生动的二级动作。这就需要绘制大量的方案草图,协调好主动作和二级动作造型的联系,经过反复修正,使动作姿态达到和谐。具体地讲,什么是二级动作?它又应该怎样与主动作配合呢?

当然,动画中的表演性动作必须适度地夸张,但又不能太离谱,因此,二级动作的设计与创意难度就非常高。如果采用肢体语言来设计二级动作,那么难度就更高。在卓别林的表演中二级动作的创意就特别多,在中国的京剧当中也有许多程式化的二级动作。因此,对于二级动作的设计与学习,首先要以借鉴为主,在此基础上加以创新。二级动作的设计是动画师主观能动性的发挥,这种发挥的基础来自于对二级动作的正确认识,以及对表演方法的了解和对表演技巧的掌握。二级动作可能相当细微,但却有画龙点睛的效果。

在角色的主动作上加上一个相关的第二动作,会使角色的主要动作变得更为真实并且具有感染力。如果二级动作与主动作发生冲突,也许会变得很有意思或者会很抢眼,然而,在动画表演中这样做是不合适的、错误的。但有的时候二级动作本身就会有非常强的表现力,特别当有绘画能力非常强的高手参与创作时,如表情的刻画非常有深度,有超常的视觉效果,甚至震撼人心,这样的二级动作就要与主动作适当地分离,放在主要动作之前或者之后,或者切换镜头加以协调。这样既明显地将它表现出来,又使它不与主要动作发生异位。但是,如果不采用它,那么,主动作也会大大减色。因此,当我们正确地使用了二级动作,它会使镜头中的动画变得更加精彩,整体动作更加自然,使角色的个性更加鲜明。因此,从这一点上看,动画中的每一条原理都不是一成不变的,特别对表现原理来说更是如此。因此,我们学习这些原理不是一味地来套用它,而是要活用。这就需要我们全面加强艺术修养,并且有综合解决问题的能力。

4. 缓冲动作的设计

缓冲动作就是主动作完成后的一个附加动作。缓冲动作一方面说明主动作的发力程度,另一方面也说明惯性的存在。一般来说,缓冲动作的设计并不难,因为缓冲动作完全可以来自于现实生活中的体验。缓冲动作的动作形式变化也不多,只是在动作交搭上构思不同的方案。

缓冲动作的时间长度取决于角色的体量,这是惯性使然。比如,胖人就比瘦人停得慢,在这个时间段中要考虑动作的交搭、变形,使快速停止的动作柔和流畅。但是从总体上讲,缓冲动作的帧数设计要少于预备动作的帧数设计,使得在动作节奏上有所区别并且突出预备动作的地位。

从动作过程上看,缓冲动作要表现出主动作停止时的一种动作过头并发生的一种反弹,这是缓冲动作夸张的要点。艺术规律从来都不是固定不变的,如果要在缓冲动作上产生戏剧效果,当然可以对缓冲动作进行夸张表现。但是,要符合基本的动作规律。

一个有发力的主动作之后还要有相应的缓冲动作。缓冲动作是对发力的主动作的惯性的描述。缓冲动作的长度可以根据生活经验来定,一般不宜过长。缓冲动作一般不容易作得生动,要注意动作的交搭。但在缓冲动作中表情一般是不变化的。缓冲动作之后还要依据停格规律对动作进行停格处理,以保持动作的完整性。

8.2.2 动作设计要点

动作变化的发展不仅来自于动画技术的发展,更重要是来自于动画师的想象力。想象力是动画表演艺术最重要的创造性元素之一,它是动画师创作过程中重要的推动力。想象力是一种特殊形式的思维能力,它以感性材料为基础,把表象的东西重新加工而产生新的艺术形象。因为有想象力,我们才能发明创造,发现新的事物。如果没有想象力,人类将不会有任何发展与进步,动画艺术缺乏了想象力也就没有了生命。动画家运用想象力对生活中的素材进行加工和概括,大胆取舍,创造出新、奇、特的表演形式。动画中的动作就是一整套属于动画自己的、无法替代的表演设计语言。

神形兼备是动画角色表演的基本要求,要做到神形兼备,要对角色的心理活动有准确把握其个性特点的能力。在表演中,“神”是通过动画的动作要素来体现的,完全脱离形的神是空幻的,而单纯的形似,也会使动画形象苍白无力。人物的心理活动虽然是非直观的,但动画就要运用各种动作方式将非直观的心理活动外化。因此,在动作技术处理上还要以神形兼备为目标进一步地完善。

1. 动作的时间分配

前面学习了动作的类型,在一个动作过程的设计中,我们要考虑这些动作段的组合。然而,其中最重要的就是这些动作段的时间分配问题。如果时间分配得合适,动作就会生动、有神、节奏感鲜明,否则,动作就会显得拖沓、无力。动作时间的调整方法一般是在非线编辑器中对动作片段进行拉伸或压缩。

利用动作交搭来丰富运动感也是动画运动表现中的常用手段。动作交搭是动画的一种特定语言,其原理就是将一个完整动作分解开来表现。因此,对主动作进行分解也是一种主要的创意手段。比如一个人由正面转向侧面的动作,可以分解为眼神先转过去,再转动头部,最后是身体的转动。当每个动作在时间分配上要有所不同时,又会产生多样性和丰富的动感和动律。即使在单帧画面中的造型上来看,可能是不符合常理的,但经过帧数调整后,就会产生各种更具表现力的转身动作,使动作产生多种创意。

2. 动作交搭

动作交搭是角色动画制作中要特别注意的问题,前面也多次提到了动作交搭。其实这也不是什么新鲜词儿,它是动画原理课中 12 表现定律里的重要一条。动作交搭是指当一个动作结束时,特别是一个剧烈动作结束后,身体开始进入放松状态,各部分肢体不会一下子都统一停下来,应该是有先后、有主次、有幅度变化地停止,否则,动作就会明显僵硬、机械、无生命气息。动作交搭是动画制作中的一个普遍问题,不但在缓冲动作中要表现出明显的动作交搭效果,在动作的启动设计中也要考虑动作交搭的效果。特别是对于一般性的主动作,有了动作交搭才能制作出丰富的动感。对于一个角色的一组动作来说,也要避免身体各部分动作同时运动,否则,动作就会显得僵硬、突然,而且缺乏表现力。因此,动作交搭是角色动画中的一个普遍性的问题。

动作交搭在动画制作中,特别在三维动画制作中是一个容易被忽视的问题。我们知道三维动画是建立在关键帧动画基础之上的,而两个关键帧动作造型之间是一种平均过渡。这就造成了对动作交搭的破坏,因此,在对关键帧进行二次插帧时,主要就是调整动作交搭效果。动作交搭不仅丰富了运动感,也为中间画的动作插帧连接提供了理论依据。当我们对两个复杂的关键帧进行插帧时,不是对变化的部分进行中插,而是偏插帧调整。这样的做法在四足动物插帧时普遍适用,其合理性就是动作交搭原理,这样的插帧才有丰富的动作节奏感。

3. 动作极限位造型

在动画中动作表现力很大程度上取决于动作极限位的造型,特别是对发力帧的造型,是力度体现的一个要素。一般的发力动作都表现在极限位造型上。

发力感就是对施力者的施力状态的表现。在动画片中,通常施力者都是有生命体,因此发力感是对有生命体而言的,是对有生命体爆发力的表现。发力感不仅要表现出力量的大小,还要表现发力动作的速度要快。因此,它是一个动作造型与动画速度及力的大小表现三者综合的结果。发力感的表现无论对动画还是原画设计来说,都是非常重要的基本功训练。如果进入动态表现,发力感的表现不仅是调速和节奏的表现,角色的动态造型也占有十分重要的地位。发力感的表达一般由预备动作、主动作加速和缓冲动作组合完成,但如果主动作的造型不理想,那么发力感的表现会大打折扣。

角色动态造型的关键是动态线的设计。动态线是指角色身体脊椎的中轴线。在动势刻画时这条线要向两端延伸,并穿过一部分肢体,是动作设计的参照线。特别是设计幅度较大的动作或动感强烈的动作时,利用动态线的夸张可以表现更有力度、更有动感的动作瞬间造型。为了加强发力感,动态线要设计成有一定弹性的弧线。手绘动画对角色动态线有这样的要求,在三维动画制作中同样如此。

(1)角色动作的动态线要呈弧形并且要穿过部分肢体,配合动作幅度。在运动中动态线的弧形要与身体的发力动作相协调。

(2)如果角色拿有道具,角色动作的动态线要穿过道具与身体形成整体。这样的动态线设计一方面强化了角色的动态造型,另一方面能够很好地表现角色的发力状态。

(3)如果表现两个角色的互动,两个动态线之间要具有作用关系,即动态线变成了作用线。在这两条线的相互作用下,更突出地表现了力量感。

重量和发力感是一组作用与反作用的组合。重量和力有时是同时表现的。即在表现重量的同时要表现出发力感。

(1)利用关节传递动作的表现方法来显示重量和力。

(2)利用动作的交搭表现力的传递状态。

(3)利用力的作用后的变形来显示重量和力。

(4)利用角色的动作线与作用线来表现发力感。

(5)利用道具运动滞后来表现重量和力。

(6)通过预备动作表现重量和力。

发力感不仅体现在角色的造型上,也体现在动态表现中。发力是一个动态的过程,因此,仅就造型来讨论这个问题是不够的。从动作表现上来分析,要在发力主动作之前加入一个预备动作。在真实的生活中,不经过一定程度的动作预期就能够发生的动作几乎不存在。预备动作就是一种蓄积力量的阶段,没有它,任何动作都将显得没有力量。因此,作为一种普遍规律,在主动作之前预备动作是非常必要的。对于打高尔夫球的人来说,预备动作就是球棒挥出前的准备姿势。对于棒球投手,预期就是挥臂投球前的准备动作。击球手则会用一组连续的预期动作(身体带动手臂向后扭转)做好准备,当球接近球棒的时候,击球手会迅速地向前扭身发力,给出一个击打。肢体的带动关系很重要,如果没有那个有力的摆动,就不会有那有力的一击。

4. 利用运动跟随丰富动作

运动的丰富性、变化性以及运动产生的幻觉,都可以对视觉表现力有提升作用,运动跟随的设计就能起到这样的作用。利用运动跟随来丰富动作的视觉效果是动画中经常使用的基本手段。然而,运动跟随不能过于独立或剧烈,以至于影响主要动作的清晰度。因此,在运动跟随的设计上,要让位于主动作表现。

从增加动作的流畅性上讲,运动跟随也可以作为一种补充手段。当动作有些不足时,添加一些运动跟随元素会使动作得到调解。运动跟随就是指动体上跟随动体一起运动的附属物的运动状态。运动跟随的表现主要看跟随物体的属性。跟随物体包括两种:对于无生命体的跟随物体来说是被动跟随,被动跟随主要要表现出外力影响特点,如风力、重力等;而对于有生命体的跟随物体来说是主动驱动,主动驱动主要要表现出变形残留的特点,即变形滞后。在动画设计中这两种情况不一定被严格区分,但是,作为设计者一定要有这样的认识。当需要区别被动跟随与主动驱动时,应该能够表现出它们的差异。

运动跟随大概分为以下 5 种情况。

（1）**如果角色身上有一些附件**：如一件宽大的外套、围巾或者头发，这些附件会在角色运动期间产生跟随或停止运动后继续运动。这类物体运动的运动时间必须要事先进行周密的计算，以正确地表达附件的重量、受力，并且它的运动方式必须具有可信性。

（2）**角色身上柔软的器官**：如长耳朵、尾巴或者长鼻子，这些柔软器官在角色运动期间会产生相对滞后的运动，也不会与角色同时停止运动。有了这些器官，角色身体的大部分动作可以同时停止运动，因为这样可以清楚地表现角色的整体姿态。而在几格画面后，这些器官再运动到它们的停止位置上。通过这样的运动跟随调节，运动状态又有了另外一种意味。当整个身体在一个明确的姿态停止的时候，我们也不会感到动作僵硬。

（3）**角色身体肥胖松弛的部分**：比如臀部或者肚子上的脂肪，这些组织的运动会比骨骼的运动慢，这个运动之后的尾随时常被表现为"拖曳"现象。它把一个宽松并且实在的体形生动地表现出来。许多滑稽的动作都是以这一项原理为基础加以夸张，比如一个奔跑的角色，他的脂肪被远远地拖在后面，直至他的骨头跑出了身体。在短片中，这种类型的夸张会带来笑声，但是这种跟随效果的主要价值在于展现它更富动画思维的效果。

（4）**表现某种娱乐性效果**：动画的魅力在于趣味性，我们可以利用跟随部分使角色运动显得更有重量感或笨拙感，并且可以加强动作姿势的活力。当有这些夸张成分加入时，更能显示出角色的个性特征。可以使镜头更有生命力，动画的魅力开始展现出来了。

（5）**对动作的停格部分**：前面讲过动作的停格，制作动作停格时，如果停格时间过长，也会使观众感到乏味。因此，我们人为地加入一些动作变化元素，可以在视觉上得到调节。否则，就会让人觉得这东西怎么没有生命感了？通过简单的调节就可以使镜头里充满生命力，甚至作几个简单的跳帧就行。

8.3　表情动画的传递

表情动画的最后一步制作是表情的传递。目前，表情动画制作在一个头部模型上，将这个表情动画传递到全身模型上并且保证它与肢体动作对位，才是动画制作的最终目的。作为表演动作的表情动画与肢体动作达成配合效果，这在非线编辑器中很容易做到，但是要看计算机的配置是否能够满足要求。表情动画只有与肢体语言达成配合效果，动画才能生动、自如，因此，表情动画的传递制作是非常重要的。

在制作表情传递之前，一定要检查场景文件。每个场景文件中不能有制作未完成的动画层，要清理动画层工具，否则，将会影响表情动画的传递。

8.3.1　场景文件的合并与表情动画的导入

表情动画的传递首先要做好准备工作。在制作表情动画传递之前，必须将角色的肢体动画和头部表情动画制作完成。通常，为了保存重要的制作步骤并且便于修改，角色的肢体动画和头部表情动画分别在各自独立的项目文件夹中制作。为了保证数据传递的正确性，准备工作的第一项就是要进行场景文件的合并。可以将肢体动画合并到头部表情动画项目文件夹中，也可以将头部表情动画合并到肢体动画项目文件夹中。合并的方法就利用主菜单中"文件"→"场景另存为"命令，注意在合并过程中要将 clips 文件夹中的动态数据也一并复制,详见视频教程。

　　准备工作的第二项即导入表情动画。打开角色肢体动画场景文件,执行主菜单上"文件"→"导入"命令,可以将表情动画导入到场景中来。也可以打开表情动画,选择头部模型及控制器按 Ctrl+C 组合键将其复制,再打开肢体动画场景文件按 Ctrl+V 组合键将其粘贴。这样也可以将表情动画导入。

8.3.2　包裹变形器传递

　　在场景中选择头部模型,执行主菜单上"编辑"→"特殊复制"命令,打开"特殊复制选项"对话框选中"实例"单选按钮,如图 8-1 所示。这样对带表情动画的头部模型进行了实例复制,头部模型上的表情动画会传递到实例复制的头部模型上。

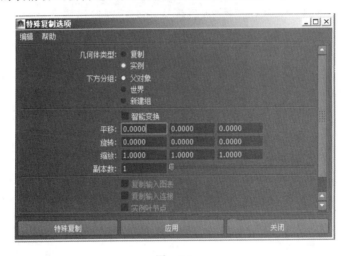

图　8-1

　　选择复制的实例模型,对齐到全身模型的头部。选择实例模型加选头部末端骨骼按 P 键,使实例模型成为头部末端骨骼的子物体。这样,当角色运动时,实例模型会跟随一起运动。

　　选择全身模型加选实例模型,执行动画模块下菜单"创建变形器"→"包裹"命令。这样就利用包裹变形器将实例模型上的表情动画传递到了全身模型上。当全身模型完成了包裹变形传递之后,选择全身模型,在通道框中可以看到添加了一个 wrap 属性,如图 8-2 所示。其中,"封套"一项是可以调整参数的,其数值在 1～2 之间,调整这个值可以加强或减弱变形传递的强度。包裹变形传递不要求两个模型之间控制点的一致性,因此,为了提高传递的精度,可以将头部模型细分光滑。

图　8-2

8.3.3　表情与动作对位

　　表情与动作对位就是指表情的时间点对应到动作时间点上,在非线编辑器中这种对位是非常容易操作的。首先,角色肢体动画是已经编辑整理过的,打开非线编辑器,拖动时间滑块观察它的动作片段可以看到主要动作点在哪一帧上。再选择表情的角色集,打开非线编辑器就可以依照动作点来调整表情位片段的定位。这样,表情与动作就可以达成配合效果,详见视频教程。也可以在大纲视图中同时选择动作角色集和表情角色集,在非线编辑器中调整各片段的位置,使表情与动作之间达成完美的配合效果。

完成包裹变形传递之后,计算机的运行速度大大降低了。当我们调整动作或调整表情时,可以暂时将 wrap 属性中"封套"一项设为 0。这样,调整起来就非常方便了。

到了这一步,表情动画的制作才真正完成。表情动画的制作流程虽然比较长,制作的步骤也很严谨,但这是动画师必须熟练掌握的制作项目。读者要反复练习,融会贯通。

第 9 章 动作连接

动作连接就是将多个动作片段按照时间上的先后顺序连接起来,形成一个连贯而复杂、完整的动作流。从制作上讲,可以将一个复杂动作分成几个片段来制作,这样就可以降低动作制作的难度。这样的分解制作方式还可以进行多人之间的协作,大大提高动画的制作效率。因此,动作连接是动作制作中很重要的一环,这种制作方法是学习角色动画所必须要熟练掌握的,这也是多人团队制作大型项目的基本配合要求。因此,掌握动作连接制作,才能加入制作团队成为其中一员。通过动作连接形成一个完整的动作流是动画制作中最常用的一种手段。动作连接的重要性是突破了场景文件对角色集的限制,使动画制作更加自由,这就使得多人协作、交叉作业成为可能。从编辑上讲,各个动作片段可以随意调动、组合、连接,使得动作片段可以作为资源来利用。各个动作片段经过不同的连接,形成多种动作组合关系。不但动作组合起来非常自由,并且丰富了动作形式。因此,熟练掌握这一方法是进一步深入制作的前提。

一个完整而流畅的动作流制作,在非线编辑器中靠动作连接制作可以轻松地完成。然而,在非线编辑器中,动作连接的制作是有条件的。我们必须在严格遵守制作原则的基础上,才能顺利地实现动作连接。这个问题在动画制作中要时刻不忘,特别是在多人协作的制作中,动作专业组长要不断对这个问题进行检查。如果破坏了这些条件,要想办法进行补救。在制作中出了问题要查找它的原因,查找问题的办法还是考验我们对基本概念理解得是否深刻。找到了问题发生的原因,才能有针对性地解决它。通过解决问题才能真正提高我们的制作能力。因此,我们的学习要从基本概念上入手,真正从制作逻辑上加以理解,才能避免在操作中出现错误。

 学习目标

(1)熟练掌握动作连接的基本概念。
(2)熟练掌握动作连接的制作流程。

重难点

(1)本章重点是理解动作连接制作的三个基本条件。
(2)本章难点是子角色集的动作连接制作。

 训练要求

(1) 熟练掌握动作连接的配合制作。

(2) 熟练掌握子角色集的动作连接制作。

9.1 动作连接的条件

有了动作连接,对于一套连贯而复杂的动作,就可以将其分解成几个片段来进行制作,然后按照时间上的先后顺序连接起来。如果这几个片段能在不同的计算机上同时制作,那就提高了三维动画的协作性,并且提高了动画的制作效率。这里所讲的动作连接正是具有上述功能的一种制作方法。动作连接是在非线编辑器中完成的,但是,在制作过程中对基本概念的掌握特别重要。如果对基本概念理解不透,在制作中就会出现各种各样的错误和问题。因此,要避免在制作中犯错误,就要重视对基本概念的学习。

9.1.1 动作连接的概念

在非线编辑器中,将两个不同的动作片段按前后顺序连接起来,就是动作连接。在第 5 章的学习中,已经开始接触到了简单的动作连接,并且学习了一个简单的动作连接实例。在这个角色动画的制作中,动作连接是有条件的。首先,这些制作都是在同一个场景文件中完成的。其次,所有的动作片段都是针对同一个角色集来制作的。当满足了这些条件,就可以实现简单的动作连接,但同时这些条件又构成了动作连接制作的局限性。这个局限性就是,在一个场景文件中不允许有相同命名的两个角色集存在。如果在一个场景文件中,强制地去这样命名,计算机也会自动地将它们分开。

当一个角色动画制作单元分解开,并由多人合作来制作时,动作连接就必须能够突破场景文件的限制。或者,当一台计算机制作一个制作单元有困难时,需要多台计算机来配合制作,动作连接也需要突破场景文件的限制。这就是动作连接的意义所在。动作片段如果能够突破场景文件的限制,自由地进行动作片段的连接,那么,动作片段就可以作为动画资源而进一步得到广泛应用。动作片段如何能够突破场景文件的限制呢?这就是动作连接的核心问题。

9.1.2 动作连接的三个条件

当两个动作片段放置在非线编辑器的同一轨道上,即可实现动作连接。然而,在非线编辑器中对角色动作的连接是有条件的,特别是对于不同场景文件来说,动作的连接必须满足条件才能得以实现。

1. 动作连接的三个条件

(1) 几个要连接场景文件以及它们的动作文件必须都在同一个项目文件夹中。

(2) 几个场景文件中的角色集命名要完全一样。

(3) 每个动作片段的骨骼结构及控制器绑定方式相同、数量相同,对应的命名也必须相同。

只要满足了上述三个条件,动作片段不仅能实现不同场景文件之间的动作连接,还可以作为动画资源来调用。如果不能同时满足这三个条件,动作连接就无法进行下去。或者说,即使将动作片段连接了起来,动作也会错误百出。因此,在动作连接制作中要严格地遵守这三个条件。

2. 如何满足动作连接的三个条件

当这三个条件不满足时,就要设法采取相应的措施,以满足上述要求,使动作连接能够正确地进行。或者说,在具体制作中,怎样来满足这三个条件呢?

在多人团队的合作中,由于每个人都在自己的计算机上进行制作,第一个条件一般是不能满足的。大家都是各自有自己的项目文件夹,但是,在完成各自的动作片段制作后,可以通过整合命令将各自的场景文件整合到一个项目文件夹中。这个整合命令就是主菜单中的"文件"→"场景另存为"命令,使用这个命令就可以将各自的场景文件统一保存到同一个项目文件夹中,这个整合过程也叫合包。这样的操作既可以将子文件夹中的场景文件整合到规定的项目文件夹中,又可以保留子文件夹中的场景文件,以备出现问题后查找原因和修改。但是要注意,还要将动作片段复制到这个项目文件夹的 clips 文件夹中。

第二个条件也很容易做到,即在创建角色集时,命名要一致。但是在创建角色集时要注意,要将 IK 控制器和 FK 控制器都创建在角色集中,特别是对于有 IK 和 FK 互为隐藏的绑定模型,尤其要注意这一点。

当前两个条件满足后,第三个条件则是一个硬性条件,必须在开始制作前就要严格遵守。多人合作时要求大家使用同一个进行标准绑定的骨骼模型,一般是采用复制的方法或者导入的方法。这样就保证了骨骼结构及控制器绑定方式相同、数量相同,对应的命名也相同。同时要保证在制作过程中,对上述要素不能随意地更改。

需要特别指出的是,当第三个条件不满足时,应该怎么办?或者说,有人使用了其他的骨骼模型来参与了制作,怎样进行动作连接呢?如果出现了这种情况,修改骨骼的绑定将是十分复杂的工作,并且也已经来不及了。为了不使已经制作好的动作片段报废,就需要应用我们后面将要讲到的动作传递来解决了。

9.2　动作连接的制作

当满足了动作连接的三个条件,就可以对动作连接进行操作了。动作连接的制作是一个小的制作流程。整个制作过程并不复杂,但在这个流程中的每一步都是保证其正确制作的前提条件,因此,不但要熟悉其制作步骤,更重要的是要掌握其基本概念,在每一步制作环节中要认真地检查。这样,遇到问题时,才会从逻辑上分析其原因,正确地解决问题。

从制作上讲,动作连接是以正确地将动作片段导出与导入操作为前提的。正确地将动作片段导出非常重要,如果是多人配合制作,要注意在动作片段的命名上不能有冲突。如果有冲突,最好在文件整合前(合包之前)在各自的场景文件中将其改正。

动作连接不是导入动作模型,而是在同一角色集上导入它的各种动作片段。每个动作片段的连接,还要注意它们的通道属性调整。当动作片段连接后,如果产生了动作变形,可以打开片段的属性编辑器调整它们的通道偏移。

9.2.1　动作片段的导出与导入

我们在第 6 章的学习中，接触到了动作片段的导出与导入的问题。但是，那是在同一个场景文件中进行导出与导入操作。如果确保导出与导入操作正确，就可以不受场景文件的限制，在不同的场景文件中进行导出与导入操作。正确地进行动作片段的导出与导入是制作动作连接的前提保证。也就是说，即使满足了动作连接的三个条件，如果在动作片段的导出与导入上出了问题，动作连接还是进行不下去。因此，要重视制作流程中的每一步骤。

1. 动作片段的导出

当场景文件经过整合之后，就可以开始导出动作片段了。分别在各场景文件中选择动作片段，在非线编辑器中执行"文件"→"导出动作片段"命令。可以打开项目文件中的 clips 文件夹，为动作片段命名后，保存在 clips 文件夹中。依次这样操作，将各场景文件中的动作片段都保存在同一个 clips 文件夹中。注意：在多个动作片段的保存过程中，动作片段导出时命名不能相互冲突。动作片段的命名要有一定的规律，以便查找。

2. 动作片段的导入

在项目文件夹中，打开第一个场景文件，并打开非线编辑器。执行"文件"→"将动画片段导入角色"命令，在 clips 文件夹中选择已经保存的动作片段。这样，动作片段就导入到角色集轨道上了。依次这样操作，将所有保存的动作片段都导入到角色集轨道上。然后，执行主菜单"文件"→"场景另存为"命令，将这个场景文件重新起名为动作连接文件保存起来。

9.2.2　动作连接的调整

在角色集轨道上选择动作片段，按照动作次序的要求将它们排列好。拖动时间滑块，检查动作片段。如果发现动作片段之间有错位现象，或者有角度上不匹配的现象，可以调整角色集的位置或角度，并创建姿势位片段来纠正。

在动作片段之间创建混合连接，形成一个完整的动作流。再次拖动时间滑块，检查动作片段。如果发现两个动作片段连接后出现了动作变形时，选择有问题的动作片段打开其属性编辑器，调整动作片段的通道偏移，纠正其错误。

9.2.3　合并动作片段

当动作片段调整正确后，选择所有的动作片段以及它们之间的混合连接线，执行非线编辑器中"编辑"→"合并"命令，所有的动作片段合并为一个动作片段，完成了动作连接的最后操作。完成了动作的合并之后，还要看合成的动作片段是否能够转换为关键帧动画。这是很重要的一个检查方法，如果能够转换为关键帧动画说明连接是成功的，如果不能转换为关键帧动画，那一定是有问题的。

如果在制作过程中，严格遵守动作连接的三个条件，角色集就能顺利地实现动作之间的无缝连接。在连接中出现了问题也可以通过通道偏移来修正。如果在制作过程中出现了错误，或者经过了调整仍然不能解决问题，那就在三个条件中找原因吧。

123

9.3 动作连接的推广制作

动作连接不仅是动画制作中的一种重要制作方法,更重要的是它打开了我们动画制作的思路。只要满足了三个条件,动作片段就可以不受场景文件的制约,可以自由地在场景文件中调用。这种理念推而广之,就是动画分解制作的基础。动画可以分解制作,这样就大大提高了动画制作的协作程度。分解制作不仅使得动作可以由多个部分组成,同时,这种组合关系可以随意调整,从而构成多种形式。分解制作的好处还在于各部分动作可以分别编辑,互相不产生影响,速度调整也可以不同。因此,对于动作交搭的制作往往采用分解制作法。

9.3.1 姿势位动画的连接问题

在第 4 章中讲到了用模型复制法来制作姿势位动画,这其中就用到了动作连接的知识点。也就是说涉及动作连接的三个条件的应用,这里将问题进一步展开讲解一下。

如果动画连接没有突破场景文件的限制的功能,那么,即使制作出了这些姿势位片段,也无法完成连接。这是因为在同一个场景文件中是无法将多个角色集统一命名的。那么,能否在总角色集之下命名多个子角色集来达到连接的目的呢?答案也是不行。因为这些子角色集不在同一个人体模型上,如果这样制作只能表现多个模型的动作序列串。因此,要达到连接的目的,只能按照动作连接的三个条件来进行制作。

首先,在一个场景文件中,利用模型复制的方法将几个姿势位造型做出并且将它们对位。将这个场景文件按姿势位的个数复制,并且在每个场景文件中删除多余的姿势位造型。即每个场景文件中仅保留一个姿势位造型,形成一个姿势位造型的场景文件序列。分别打开这些场景文件,创建角色集并且命名完全一样。再创建这些角色集的姿势位片段,并且分别导出到 clips 文件夹中。打开一个创建文件将保存在 clips 文件夹中的姿势位片段依次导入,就形成了完整的姿势位动画。

从制作流程和制作方法上讲,姿势位动画的模型复制法,其实就是一个动作连接的实例。只不过连接的不是动作片段,而是姿势位片段而已。

9.3.2 子角色集的动作连接

与角色集一样,子角色集如果也满足三个条件的话,那么,子角色集也可以在场景文件中自由调用。这样,角色动画就真正实现了分解制作,并且这种分解制作可以在多人团队之间、多台计算机上进行协作。

分解制作就是将角色一部分肢体的动作在其他场景文件中制作,然后,再组合到整体动作中来。这样的制作方法可以在一定数量的多种片段之中组织出多种动作效果,大大提高动画制作效率,并且可以形成各种动作资源库。

比如手部的动作或各种手势就可以是一个子角色集,这部分动作可以在单独的手部骨骼模型上制作,这样就提高了制作的精度和效率。这种子角色集动作还可以作为动画资源保存起来,一旦有所需要就可以调用到、组合到全身整体动作中来。子角色集的动作连接使得动作片段有了更加广泛的应用范围,但是在子角色集中如果有 IK-FK 的控制器转换,操作就要严格。也有人对于 IK-FK 控制器的转换操作不熟练,因此,将 IK 控制器创建成一个子角色集,再将 FK 控制器创建成另一个子角色集。如果这样来操作,动作片段呈前后连接是可以的。但如果动作片段呈上下叠加排列,动作上就会出大问题了。

9.3.3 多角色集的制作

多角色集的制作指的是在一个角色模型上将动作分解成多个角色集来进行分解制作。这是角色动画中应用频率最高的制作方法。它相当于子角色集的分解制作,但是又有比子角色集更灵活的动作编辑与调速。通常,子角色集多用于对整体动作的修改。如果动作的某一部分有所不足,常常在角色集上提取子角色集来对其进行修改、补充。而多角色集的制作更多的是出现在动作的分解制作中。虽然动作的整体协调性不如子角色集制作,但如果能够熟练地利用姿势位片段来加以修正,也能制作出高质量的动画。

多角色集制作就是在一个角色模型上直接创建出多个角色集,比如手臂可以创建一个角色集,腿部可以创建一个角色集,通过对各个角色集创建动作片段来组合整体动作流。如果这种制作方法在多人协作的情况下进行,就涉及动作连接问题。多角色集之间的动作连接同样要遵守动作连接的三个原则,但是动作片段导入后不是呈前后连接的状态,而是呈上下叠加的排列形式。

比如手部的动作或各种手势既可以是子角色集,也可以是一个独立角色集;既可以作为子角色集合并到全身动作中来,也可以作为一个独立的角色集参与全身动作的多角色集制作。这两种制作方法可以针对不同的情况来灵活使用。

125

第 10 章　动作叠加

第 10 章　动作叠加

第 10 章　动作叠加

　　通过前面的内容学习,读者应该逐渐有这样的认识:角色动画的制作不是仅靠 K 关键帧来完成的,而大量的动作是在已有的动作片段上进行各种编辑、修改来获得的。动作叠加就是一种拓展动作的主要手段,动作叠加是在一个动作片段上通过叠加的方法逐渐将复杂动作制作出来。通过动作叠加,可以在一个动作片段上作出各种变化片段,而片段与片段之间通过叠加又可以形成新的片段。因此,要进行动作的深入制作,动作叠加就是一个必不可少的制作环节。

　　从动作叠加的概念上讲,非线编辑器和动画层工具都可以进行动作叠加制作。在动画层工具中,动作叠加制作很容易理解,制作起来也比较自由。但是,在非线编辑器中,动作叠加的制作就比较麻烦。问题首先涉及基本概念,这就要对动作进行严格的分类。其次,对于不同类型的动作叠加,在其制作方法上也有所不同。因此,灵活地运用动作叠加制作,是制作复杂动作时必须掌握的一种手段。动作叠加不仅是深入制作动作的方法,也是动作修改中常用的手段。可以说,掌握了动作的叠加制作,就具备了完成一切复杂动作制作的能力。特别是在非线编辑器中,能够很容易地叠加二级动作并使其能够与主动作协调起来。这就是本章学习的主要目的。

　　在一些骨骼绑定插件中,使用了动作联动的表达式。当使用这种插件进行骨骼绑定后,在非线编辑器中制作动作叠加就会出现各种各样的错误动作。这些错误是不可避免的,也是无法修正的。因此,对于角色动画师来说,要具备基本的手工绑定能力,而不使用绑定插件。但是,如果使用绑定插件,在动画层工具中来制作动作叠加就可以避免上述问题的发生。这也是动画层工具之所以不可取代的原因之一。因此,要制作出高质量的动作效果,就要对各种制作工具、制作手段有全面、深入的了解。能够在各种情况下灵活、正确、有效地运用这些工具,来达到制作目的。

 学习目标

　　(1) 熟练掌握角色动画叠加制作的概念。
　　(2) 熟练掌握各种工具对动作叠加制作的基本方法。

重难点

　　(1) 本章重点是理解动作叠加的基本概念。
　　(2) 本章难点是动作叠加的综合制作技巧。

训练要求

（1）熟练掌握动作叠加的综合制作技巧。
（2）熟练掌握非线编辑器中动作叠加制作。

10.1　动作叠加的概念与分类

对于角色动画师来说，动作叠加的学习是提高综合制作能力的一个过程。在非线编辑器动作叠加片段中，提取一些有价值的动作片段或姿势位片段，添加或插入到动作片段中以获得夸张的动作效果，这种制作方法有着其他方法所不能替代的作用，掌握动作叠加制作，首先要求对动作叠加的概念要十分清晰，工具的用法要非常熟悉。在动画制作实践中，应用非线编辑器来制作动作叠加是一种制作方法的拓展。对于非线编辑器的理解进一步加深，并且灵活运用它来解决动画制作中的难题，对于动画师是一个专业素质的考验。

应用动画层工具来制作动作叠加是比较简单或容易理解的，这个问题在第 2 章中已经讲过，不再赘述了。然而，在非线编辑器中制作动作叠加就最容易出现错误，其主要原因是对动作叠加的概念理解不清。

10.1.1　动作叠加的概念

在动画层工具中，动作的叠加呈上下分层制作。同理，在非线编辑器中，如果将两个动作片段按上下排列，就是一种动作叠加。动作叠加是指在已有的动作片段上添加新的动作，这与修改动作片段还不一样。修改动作片段是将片段上的关键帧进行了修改，经过修改的动作片段已经完全没有了修改之前的样子。而动作叠加是在原来的动作片段上再叠加一个动作片段，后叠加的动作片段不破坏原来的动作片段，只是两个片段在动作上产生了覆盖与融合的效果。

从这个概念上讲，动作叠加很像是动画层工具中的动作制作，其实动画层工具就是典型的动作叠加制作。因此，动画层工具是制作动作叠加的首选工具，尤其是对于第二类动作叠加制作。那么，为什么还要在非线编辑器中来制作动作叠加呢？这就涉及前面所讲的二级动作问题了。二级动作作为一个表演动作来辅助主动作，但是它与主动作要有很好的协调性。在非线编辑器中，可以对二级动作的片段进行拉伸、压缩、对位等操作，这就使它能与主动作形成很好的协调性。在这一方面，动画层工具是不及非线编辑器的。

10.1.2　动作叠加的分类

如果在动画层工具中进行动作叠加制作是无须进行动作分类的。但是，如果以非线编辑器来制作动作叠加就需要进行严格的分类。否则，就会出现错误的动作变形。也就是说，在非线编辑器中，要根据不同的动作叠加类型来采取不同的制作方法。

在非线编辑器中，动作叠加制作基本上分为两类。这两种类型是怎样区分的呢？对于角色动画的制作，首先要明确新的动作要叠加到哪个控制器上，还要看这个控制器在前一个动作片段中是否做了 K 帧动画。因此，这两类动作叠加分别如下。

第一类动作叠加是指：要叠加动作的控制器在前一个动作片段中没有进行过任何 K 帧动画制作。

第二类动作叠加是指：要叠加动作的控制器在前一个动作片段中已经参与了 K 帧动画制作。

从概念上讲，对于两类动作划分比较容易理解。在具体的制作中，如果是一个人来制作动画，当然，这两类动作叠加是很容易分清楚的。但是，如果是多人在一起配合制作，那怎么来识别这两类动作叠加呢？这就需要有一个检查的方法了。检查的方法就是使用曲线图编辑器。选择已有的动作片段并且激活，转换到曲线图编辑器中可以看到动作片段中的动画曲线。再选择要添加动作的控制器，如果曲线图编辑器中呈水平直线显示，就说明这个控制器在这个动作片段中没有 K 帧动画的制作，属于第一类动作叠加。如果曲线图编辑器中呈曲线显示，就说明这个控制器在这个动作片段中有了 K 帧动画的制作，属于第二类动作叠加。有了这样的分析方法，就可以很容易地认定两种动作类型了。

10.2　动作叠加的制作

在非线编辑器中对两类动作叠加的制作，首先要求对概念有清楚的认识。只要对动作叠加类型的概念清楚了，并且能够对此做出正确的判断，就可以有针对性地进行动作叠加的制作了。

在非线编辑器中对两类动作叠加的制作方法是不同的。因此，不仅要对动作叠加类型做出正确的判断，还要选择正确的制作方法，才能保证动作叠加的正确性。动作的叠加或者动作的加入要与主动作形成很好的协调性，因此，在制作实践中要多总结经验，提高自己的制作能力。

10.2.1　第一类动作叠加制作

在非线编辑器中，如果是对第一类动作叠加的制作，那就非常简单了。实际上，这是一种加入表演二级动作的方法，一般用于某个局部动作的控制器上。它的优点是与主动作之间比较好协调。

非线编辑器第一类动作叠加制作步骤如下。

（1）选择要叠加动作的控制器，在时间轴上直接摆位 K 帧，并且创建动作片段。

（2）将新的动作片段直接加载到已有动作片段下面的轨道上。调整两个动作片段的相对位置，观察动画效果。

（3）选择两个动作片段，执行"编辑"→"合并"命令，将两个动作片段合并为一个动作片段，完成动作叠加制作。

在非线编辑器中动作叠加方式为动作片段的上下放置。如制作行走动画，一般先制作出腿部和手臂的动作片段。而头部动作、腰部动作等都可以作为第一类动作叠加制作逐渐添加上去。这样的制作方法，效果很直观，并且可以调整片段的时间对位。这样来叠加动作可以与主动作之间达成很好的协调性。

动作叠加片段的制作也会经常出现错误，因此要注意，在制作动作叠加片段时要关闭第一个片段。动作叠加片段的关键帧 K 帧不能按 S 键，最好针对属性来 K 帧。如果对移动属性 K 帧,按 Shift＋W 组合键。如果对旋转属性 K 帧,按 Shift＋E 组合键。并且动作叠加片段的通道偏移要改为相对。

在非线编辑器中,上述对第一类动作叠加的制作是基础。有了这样的认识之后,在协调一些二级动作的时候就比较好入手了。通常,在主动作的制作中不要对二级动作控制器 K 帧,当主动作制作完成后,再利用非线编辑器的动作叠加制作,将二级动作控制器上的动作叠加上去。

10.2.2　第二类动作叠加制作

在非线编辑器中,对第二类动作叠加的制作就比较复杂,因此,第二类动作叠加一般都应用动画层工具来进行制作。但是,如果能够熟练地掌握非线编辑器,制作起来也可以得心应手。

非线编辑器第二类动作叠加制作步骤如下。

(1) 选择要叠加动作的控制器,执行主菜单中"角色"→"创建子角色集"命令,将这个控制器作为子角色集,从角色集中分离出来。

(2) 选择要叠加动作的控制器,摆位 K 帧,并且创建子角色集的动作片段。

(3) 在已有子角色集动作片段的动作修改处,将动作片段剪开,删除要修改的动作片段。将新创建的子角色集动作片段加载到动作片段剪开处。选择动作片段,执行"创建"→"混合"命令,将插入的动作片段混合连接起来。

(4) 在大纲视图中选择角色集和子角色集,执行主菜单中"角色"→"合并角色集"命令,使子角色集合并到角色集中去。

(5) 在非线编辑器中,选择两个动作片段,执行非线编辑器中"编辑"→"合并"命令,将两个动作片段合并为一个动作片段。

如果对前面第 5 章中学过的动作片段插入修改很熟悉,就能够理解以上制作。其实,非线编辑器中第二类动作叠加制作实质上就是片段插入修改法,但要针对子角色集来进行制作。动作叠加片段的制作也会经常出现错误,因此要注意,在制作第二个片段时要关闭第一个片段。第二个片段的关键帧 K 帧不能按 S 键,最好针对属性 K 帧。如果对移动属性 K 帧,按 Shift＋W 组合键。如果对旋转属性 K 帧,按 Shift＋E 组合键。完成动作片段了解后,要仔细观察动作形态,并调整每个片段的通道偏移,使动作不发生变形。

如果理解和掌握了第一类动作叠加制作,就可以将第二类动作叠加转化为第一类动作叠加来进行制作。

第二类动作叠加转化制作方法如下。

(1) 在所要添加动作的时间段上将动作片段剪开成三段。选择每个动作片段,分别执行"编辑"→"合并"命令,将它们转换成独立的动作片段。

(2) 选择所要叠加动作的动作片段,将其激活,将其他两个动作片段关闭。

(3) 选择所要叠加动作的控制器,进入曲线图编辑器。将它的动作曲线处理为水平直线或将上面的关键帧删除,这样,这个控制器在这个动作片段中就转换成了第一类动作叠加形式。

(4) 选择要叠加动作的控制器,在时间轴上直接摆位 K 帧,并且创建动作片段。

(5) 将新的动作片段直接加载到已有动作片段下面的轨道上。调整两个动作片段的相对位置,观察动画效果。

(6) 选择两个动作片段,执行"编辑"→"合并"命令,将两个动作片段合并为一个动作片段,完成动作叠加制作。

(7) 选择动作叠加的动作片段,加选剪开的动作片段,执行"创建"→"混合"命令,使它们相互之间形成混合连接。

(8) 选择所有的动作片段,包括其中的混合连接线,执行"编辑"→"合并"命令。

通过上述操作,也可以对动作片段进行动作叠加制作。但是,这种方法对于动作的局部修改是非常有效的,而不适合于添加二级动作的制作,详见视频演示教程。

使用动画层工具来制作动作叠加应该是最佳的手段。特别是当骨骼绑定中控制器之间有表达式联动关系时,如果使用非线编辑器来制作动作叠加,会出现各种错误。而使用动画层来制作就会避免上述问题的发生,因此,动画层主要是针对第二种动作叠加的制作工具。当然,正是由于在非线编辑器中制作第二种动作叠加比较烦琐,因此,在 Maya 2009 版本升级中增加了动画层工具。

动作叠加片段的制作一般是在原地动作基础上进行,如果在非原地动作上制作动作叠加片段时,经常会出现动作片段回到原位的情况。选择有问题的片段进入属性栏,只需调整总控制器的通道偏移就可使问题得到解决。

10.3 动作叠加的综合制作

如前所述,在这一章里主要讨论的是在非线编辑器中动作叠加制作的问题。而动作叠加在动画层工具中制作就很简单,也不需要对动作类型做出判断,直接制作即可。在第 2 章中已经对动画层工具的制作方法进行了学习,这里就不再赘述了。既然在非线编辑器中动作叠加制作如此烦琐,那么,为什么还要舍近求远、自找麻烦呢?其实,我们是在对一种制作方法进行学习,这种制作方法广泛地应用在夸张动作的制作中。

前面讲了动作的夸张以及它的重要性,但是,如何制作夸张的动作呢?如果靠刻意地摆位 K 帧,就很难制作出复杂而奇特的动作片段,然而,通过多次的动作叠加和叠加调整,就可以得到更加生动、奇特的动作效果。因此,作为一种特殊的制作方法,掌握了它就拓展了我们动画制作的能力。所以,从这个意义上讲,学习这种制作方法还是十分必要的。在具体的制作中,这些方法主要是根据个人的制作经验总结出来的制作技巧。通常使用的是截取动作叠加片段和提取动作叠加的姿势位片段两种制作方法,而这两种方法是动画层工具中所没有的。

10.3.1 两个角色集动作的叠加

动作片段的叠加制作不仅可以在一个角色集上进行,也可以在两个角色集上进行。通常,手部的动作制作是比较麻烦的,一方面手部的控制器较多,另一方面,手部动作有时是动作片段制作,有时又是姿势位片段制作。因此,如果手部动作与全身动作一起制作,就难以在动作配合上进行协调。通常,手部的动作与全身动作是在两个角色集上进行制作的。

两个角色集动作的叠加制作步骤如下。

(1) 选择全身控制器创建一个角色集,再选择手部控制器创建另一个角色集。这样,在创建文件中就有几个不同的角色集。

（2）每个角色集分别创建自己的动作片段或姿势位片段。

（3）在大纲视图中选择两个角色集，在非线编辑器中，两个角色集的动作片段呈上下排列。在轨道上调整动作片段的位置，使手部动作与全身动作协调起来。

这样的制作方法可以使手部动作更加灵活、多变，并且不影响全身动作的制作。手部的动作片段或姿势位片段可以复制、调速或停格，在制作上独立调整。全身动作的制作也可以不受手部动作的影响来深入制作。

这也是一种动作分解制作的方法。动作分解制作不仅可以在子角色集上进行，也可以在多角色集上进行。这样的分解制作使得动作的编辑更加灵活、自由，角色各部分动作的调速也非常方便。在动画制作实践中，这种制作方法常用来制作舞蹈、杂技等复杂动作。这些动作的特点是身体上有不同的动作调速，通常，这样的动作制作也不需要合并动作片段。

10.3.2　截取动作叠加片段

在非线编辑器中，动作叠加的制作有其特点。如果将两个动作片段不加分析地直接叠加，动作就会变形，就会产生令人意外的动作过程。这个动作过程中可能有其合理的部分，我们就是要将其中合理的部分剪切出来，以作为插入连接的素材。

具体的操作过程是：将角色集的两个动作片段按上下排列。选择两个动作片段，在非线编辑器中，执行“编辑”→“合并”命令，将两个动作叠加的片段合并为一个动作片段。在动作片段上拖动时间滑块，选择其中动作合理、可用的部分，右击执行“分割片段”命令，删除动作片段中无用的部分，将片段中可用的部分分割出来。选择这部分片段，再一次执行“编辑”→“合并”命令，在 Visor 编辑器的角色片段一栏中找到这个片段，重新为其起名，保存起来以备用。

如果截取的动作片段中有不足之处，也可以对动作片段进行修改。修改也是调整动作的一种手段，通常的制作方法是：打开曲线图编辑器，修改其中有问题的关键帧。保留其动作合理的部分，去掉动作相对不合理的部分，从而获得可用素材。

在两个动作片段叠加的过程中，还可通过对动作片段权重或者时间扭曲的调整来调整动作叠加的效果。特别是对于动作片段权重，要在片段属性编辑器中简单K 帧后，选择动作片段，右击并在弹出的快捷菜单中，执行“对权重制图”命令，如图 10-1 所示。进入曲线图编辑器后，对权重曲线上的关键帧做精细的调整。对动作变形较大的部分，要减小其权重值。对需要夸张的部分，要加大动作权重值。反复观察其中的动作变化，以截取有价值的动作片段。

这些操作都是凭借制作者的经验总结出来的技巧。因此，要注意在长期的动画制作实践中，熟练掌握基本制作方法并在此基础上总结经验。随着制作经验的积

图　10-1

累,就会总结出很多制作技巧,来丰富我们的动作制作。这种方法也可以用在子角色集上,使某些动作分支产生令人意外的动作过程,来加强角色动画的艺术表现性。

10.3.3 提取动作叠加的姿势位片段

在动作叠加上提取姿势位片段也是一种常用的制作技巧,而且应用起来十分方便。两个动作片段通过叠加也可以产生某些奇异的动作造型,我们可以利用这些新颖、奇异的造型提取姿势位片段,以作为插入连接的素材。

提取姿势位片段的操作过程是:将角色集的两个动作片段按上下排列。选择两个动作片段,在非线编辑器中,执行"编辑"→"合并"命令,将两个动作叠加的片段合并为一个动作片段。在动作片段上拖动时间滑块,选择其中有应用价值的动作造型,执行"创建"→"姿势"命令,将这个姿势作为姿势位片段从动作片段中提取出来,命名保存以备用。

非线编辑器动作叠加制作中,提取的姿势位片段可以获得比较夸张的动作造型。这种造型有时是我们刻意摆位所不能获得的,在角色动画制作中,对重要的动作点或动作转折处添加一些这样的姿势位片段,可以获得生动、新奇的效果,并且能够起到动作夸张、强调的作用。提取的姿势位片段也可以进一步修改,通过与动作片段的混合连接获得更丰富的动作变化。这对于加强角色动画的表现力是非常重要的。

第11章 动作传递

　　所谓动作传递,就是把一个骨骼模型上的动画数据传递到另一个没有动画的骨骼模型上。如果从这个意义上讲,前面学过的动作连接也是一种动作传递。但是,动作连接有着严格的要求——动作连接三个条件。这是由于动作连接是针对控制器的,由于控制器对于骨骼有各种不同的绑定方式,因此这种动作传递要求就非常苛刻。一旦这些条件被破坏了,或者是不满足这些要求,动作连接就不能进行下去了。这也是在团队作业中经常遇到的最棘手的问题。本章所要讲的动作传递制作就是解决这一问题的重要方法。

　　动作传递首先要摆脱控制器的限制,因此,动作数据是在骨骼模型之间进行传递。通过动作传递,我们能够使一个静态的骨骼模型变成一个具有动画的动态骨骼模型。这样,不但可以进行连接制作,还省去了骨骼绑定的制作,提高了制作效率。这种没有控制器制约的动态骨骼模型具有广泛的交互性、可编辑性、通用性,因此,它是构成动作资源库的基本模型。目前,在动画业界内开始大量使用动作捕捉仪来采集动作数据,所采集的动作数据也是属于这种模型构成。掌握了动作传递,不仅可以在骨骼模型之间传递动画,而且可以通过动作传递来使动作数据得以广泛应用,充分利用动作资源来进一步提高制作效率。因此,动作传递是三维角色动画制作中一项重要的制作手段,不但可以进行全身动作的传递,也可以根据需要在局部骨骼上传递动作,并且利用动作传递还可以制作角色集群动画。

　　在动画制作实践中,有关动作传递的制作是最容易出现错误的,一般是出现在操作环节上的错误。因此,要注意操作上的规范,并且对动作结果要及时检查。平时加强制作练习,在制作实践中不断总结规律,形成完整的制作思路。

 学习目标

　　(1)熟练掌握控制器动作烘焙到骨骼的操作。
　　(2)熟练掌握烘焙后的动画关键帧整理。

 重难点

　　(1)本章重点是理解动作传递的基本概念。
　　(2)本章难点是控制器动作烘焙到骨骼的操作。

🗂 训练要求

　　(1)熟练掌握角色映射的动作传递制作。
　　(2)熟练掌握角色骨骼标签的动作传递制作。

11.1 动作传递的概念

　　动作传递就是将动作数据传递到静态的骨骼模型上,前面学过的动作连接实质上也是一种动作传递。但那种传递是局限在控制器上的,因此有严格的要求。那么,不满足三个条件的动作就不能连接了吗? 如果能够摆脱控制器的限制,将条件进一步放宽,就可以在更广泛的范围内共享动态数据。如果动作传递可以在骨骼模型上直接进行,骨骼模型上虽然没有控制器,但它仍然可以接收动作数据。这样的骨骼模型就省去了绑定的麻烦,大大缩短了动画的制作流程,提高了动画制作的效率。

　　我们把带有动作数据的骨骼称为源骨骼,把接收动作的静态骨骼称为目标骨骼。动作数据在骨骼模型之间有三种传递方式:简单的动作传递、骨骼映射传递和骨骼约束传递。

11.1.1 动作传递的意义

　　在这里还需要着重说明的一个问题是三维动画的制作流程问题。通常,在谈到动画制作流程时,我们的概念往往来自于对手绘二维动画制作流程的认识。手绘二维动画的制作是按照严格的工序流程来形成流水作业的,比如在没有确定角色造型方案之前,原画设计、动画连接、着色等工序是无法进行的。因此,它是一种线性流程。而三维动画由于有强大的合成、替换功能,它的制作流程是非线性的。即使建模、材质等工作还没有完成,只要有了分镜头剧本就可以进行角色动画的制作了。只不过是使用一个简模来进行制作,并且把动作数据保存在骨骼模型上。一旦完成了建模、材质等工作,就可以使用替换命令用最终模型将简模替换下来,具体过程在第12章中将详细讲解。因此,从这个意义上讲,数据传递的作用就非常大。动作传递就是一种数据传递方式,它是角色骨骼模型之间共享动画数据的一种方法。同时,骨骼控制器的绑定是非常烦琐的工作,不经过绑定的骨骼模型不能制作动画。但是,有了动作传递技术,不经过绑定的骨骼模型也可以接收动作数据。这样就不需要对每个模型进行骨骼绑定设置,只需要在一个绑定模型上制作动作片段,然后传递到其他模型上。这样就使得动画制作流程大大简化,提高了制作效率。

　　动作传递的意义如下。

　　(1) 动作传递是建立动作库的基础,没有控制器限制的骨骼模型具有很好的通用性。

　　(2) 没有控制器的骨骼可以改变其大小,这样就可以将带有动作的骨骼模型适配到各种模型上。

　　(3) 可以进行局部动作的传递。如图11-1所示,可以将人的腿部动作传递到马的前腿上,将鸵鸟的腿部动作传递到马的后腿上,合成一个马的完整动作。

　　(4) 可以导入到其他三维软件中进行联合制作。经过动作传递的骨骼模型具有关键帧动画,因此,可以方便地导入到其他三维软件中。

图　11-1

11.1.2　控制器动作烘焙到骨骼

在前面的学习中,我们应该有这样的认识——在角色动画的制作阶段,动作的数据都在控制器上。在我们已经完成动画制作的角色集上,如果选择骨骼,可以看到骨骼上并没有任何关键帧,但是,播放时间滑块可以看到骨骼是运动的。这是因为骨骼是被控制器带动的,而控制器作为角色集在非线编辑器中进行了 K 帧。

学习动作连接时也接触到了简单的动作传递,但那是有条件的——即要符合动作连接的三个条件。然而,当两个角色骨骼上的控制器绑定方式有所不同时,两个角色之间就不能完成动作的传递或者出现错误。要解决这个问题,当我们在角色集上已经完成动作片段的制作后,已经不再需要控制器了,为了正确地进行动作传递,或者说为了动作库制作的需要,要删除掉角色上的控制器。然而,在删除控制器之前骨骼上是没有动画的,因此,在删除控制器之前要将控制器动作烘焙到骨骼上。

1. 控制器烘焙操作

控制器动作烘焙到骨骼的具体操作步骤如下。

(1)首先要将动作片段激活,在非线编辑器中选择动作片段执行右键"激活关键帧"命令。这时在时间轴上看到了关键帧标记,选择动作片段按 Delete 键将动作片段删除。

(2)打开大纲视图,将角色集删除。这时在时间轴上没有了关键帧标记,但是滑动时间滑块,角色的动画依然存在。

(3)选择根骨骼后,执行主菜单"编辑"→"选择层次"命令,这样就选择了所有的骨骼层级。

(4)执行主菜单上"编辑"→"关键帧"→"烘焙模拟"命令,在对话框中设置烘焙的时间段,单击烘焙。

经过烘焙后,再选择骨骼就可以在时间轴上看到关键帧标记,这说明已经将控制器上的关键帧动画烘焙到了骨骼上。也就是说骨骼具有了关键帧动画。

烘焙关键帧从逻辑上讲,骨骼上虽然是没有关键帧的,但是骨骼必须是在控制器的带动下已经产生了动作,这样才具有了烘焙关键帧的条件。如果骨骼没有动作,那么就不具备烘焙关键帧的条件,即使执行了烘焙命令也不能得到关键帧动画。在这里讲到了烘焙关键帧的基本概念,按照这个概念来说,表情动画就不具备烘焙的条件。因此,在表情动画的制作与传递上是不进行烘焙的。

2. 删除所有控制器

骨骼模型完成了烘焙之后,控制器就没有任何作用了,可以删除。删除控制器要先删除IK 组,然后再删除控制器。如果先删除控制器,动作会出现错误。

删除控制器步骤如下。

(1)打开大纲视图,首先选择 IK 组按 Delete 键将其删除。

(2)选择控制器组按 Delete 键将其删除。

(3)最后选择角色集,按 Delete 键将其删除。

经过烘焙后的骨骼上有了动作数据,选择骨骼后可以在时间轴上看到关键帧标记。这样的骨骼就可以作为源骨骼来传递动作数据了,并且也可以作为动作库来保存动作数据。

当骨骼模型完成烘焙后,就不能制作 IK 动画了。如果有个别动作点需要修改,就只能用 FK 修改了。

3. 对骨骼模型创建角色集

选择根骨骼后,执行主菜单上"编辑"→"选择层次"命令,再执行主菜单上"编辑"→"按类型删除"→"静态通道"命令,这样就将骨骼上没有关键帧变化的通道属性进行了清理。如果选择骨骼,在通道框中看到只有旋转属性上有关键帧,而其他属性上是没有关键帧的。而根骨骼具有偏移和旋转上的两种关键帧。

选择根骨骼后,执行主菜单上"编辑"→"选择层次"命令,再执行主菜单上"角色"→"创建角色集"命令,可以对骨骼模型创建角色集。打开非线编辑器,执行"创建"→"动画片段"命令,可以对骨骼模型创建动作片段。在非线编辑器中,我们又可以对动作片段进行各种编辑操作了。

4. 烘焙骨骼动画的意义

为什么要烘焙骨骼动画?首先,烘焙动画的骨骼可以作为源骨骼来传递动作数据,这样的骨骼在传递过程中可以不受控制器的制约,拓展了骨骼动画数据的共享范围。其次,骨骼模型脱离了控制器的制约,骨骼就可以改变长度,这样骨骼模型就可以适配到各种角色模型上,并且不影响骨骼上的动作数据。第三,由于骨骼模型上带有关键帧数据,因此,这样的骨骼可以转到其他三维软件中进行联合制作。

11.1.3 运动捕捉数据的应用

打开 **Visor** 编辑器,打开"Mocap 示例"选项卡,如图 11-2 所示,这里有一些由运动捕捉仪捕捉的动画素材。用鼠标中键将其直接拖入到场景中释放,播放时间滑块,可以看到这是一些带有完整动作流的骨骼模型。这些动画素材都是由演员穿戴设备后,进行动作表演并且用运动捕捉仪动态捕捉的。它们作为动画资源保存在这里,如果有需要,就可以通过动作传递来使用它们上面的动作数据。

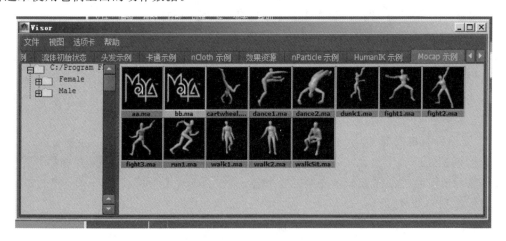

图 11-2

可以看到,在这些素材中是没有控制器的,而动作都记录在骨骼模型上。这样就便于我们进行动作传递,并且查看动作也比较直观,这就是动作库的基本形式。这是运动捕捉仪采集到的素材,当然,我们手工制作的动作片段也可以通过烘焙制作成这样的形式,来汇集到动作库中保存起来。

怎样采集这些素材上的动画数据呢？这个工作还是在非线编辑器中完成。

（1）对骨骼模型进行关键帧整理。选择根骨骼后，执行主菜单上"编辑"→"选择层次"命令，再执行主菜单上"编辑"→"按类型删除"→"静态通道"命令，这样就将骨骼上没有关键帧变化的通道属性进行了清理。

（2）对骨骼模型创建角色集。选择根骨骼后，执行主菜单上"编辑"→"选择层次"命令，再执行动画模块下"角色"→"创建角色集"命令，就对骨骼模型创建了角色集。

（3）创建动作片段。有了角色集，就可以打开非线编辑器，执行"创建"→"动画片段"命令，在角色集轨道上可以看到它的动作片段。有了动作片段，就可以在动作片段上对动作进行各种编辑和修改了。

这里有一个问题需要说明一下，我们看这里有些动态捕捉素材是没有手部骨骼的，因此，手部的细部动作也没有。那么，怎样来应用这样的素材呢？或者说怎样将手部的动作添加上去？如果我们对手部骨骼的绑定很熟悉的话，可以把手部骨骼绑定添加上去，或者复制一个绑定好的手部骨骼添加上去。手部骨骼作为子角色集，并且应用动作连接的方法来添加手部动作。

11.1.4 简单的动作传递

完成了关键帧烘焙之后，就可以开始进行动作传递了。首先学习简单的动作传递。简单的动作传递要求接收动作的目标骨骼模型要与源骨骼模型有相同的骨骼数量、相同的结构，而骨骼的命名可以不一致。

简单的动作传递不需要进入非线编辑器，在同一个场景中就可以直接完成。

简单动作传递的具体制作流程如下。

（1）选择源骨骼模型的根骨骼，执行主菜单上"编辑"→"选择层次"命令，这样就选择了源骨骼模型上的所有骨骼。

（2）在时间轴上按 Shift 键，按住鼠标左键拖动鼠标，选择时间轴上关键帧的范围。

（3）鼠标在时间轴上，执行右键"复制"命令，将关键帧数据复制到内存中。

（4）选择目标骨骼模型的根骨骼，右击执行"选择层级"命令，这样就选择了目标骨骼模型上的所有骨骼。

（5）将时间滑块放在第一帧上，执行右键"粘贴"→"粘贴"命令，将复制在内存中的关键帧数据粘贴到目标骨骼模型上。

以上是简单动作传递的制作。没有了控制器，动作传递制作范围就拓宽了许多。首先是文件架构简单，并且不需要动作数据的导出与导入操作。但是在制作过程中，如果骨骼数量不同或者骨骼结构不同，即使完成了关键帧粘贴，动作也会出现错误。因此，制作时要注意满足简单动作传递的要求。

11.2 角色映射传递动作

通过前面实例的讲解，我们对简单的动作传递已经有所了解，之所以称为简单的动作传递，就是因为这种传递是有条件的。简单的动作传递要求两个骨骼模型有相同的骨骼数量、相同的骨骼结构。那么,当这些条件不能满足时,这种动作传递就会出现错误。在动画制作中,不满足这些条件的情况很多,那么,怎样来进行动作传递呢? 角色映射传递动作就是解决这类问题的方法之一。

如果骨骼的数量不同而骨骼的结构相同,就可以利用角色映射来传递动作了。角色映射传递是在两个角色集上进行制作的,因此,要对源骨骼模型和目标骨骼模型分别创建角色集。角色映射传递是在同一个场景文件中完成的,不需要将动作数据导出、导入,操作过程也比较简单、直观。

11.2.1 角色映射传递的特点

角色映射传递虽然可以在不同的骨骼数量和相同的骨骼结构之间进行动作传递,但是,这种方法局限在人形骨骼模型之间来应用,并且骨骼之间要有相互对应的命名。这就提出了一个新的问题,如何快速地进行骨骼之间相互对应的命名呢? Maya 提供了一个解决这个问题的工具——骨骼标签设置。因此,在进行角色映射传递操作之前要做如下准备工作。

1. 骨骼的标签设置

选择模型的根骨骼,在动画模块下的主菜单中,执行"骨架"→"关节标签设置"→"显示所有标签"命令,显示出骨骼标签,如图 11-3 所示。

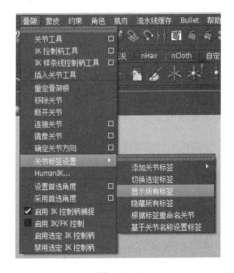

图   11-3

调出"骨架"→"关节标签设置"→"添加关节标签"命令,如图 11-4 所示。先确定骨骼的左右方向和中心,再分别选择各部分骨骼,并且单击命令中对应的骨骼标签的名称,对各个骨骼分别添加标签。对于骨骼分叉可以不设置标签,但要用手工命名的方式来统一它们的名称。

2. 对骨骼快速命名

当完成骨骼的标签设置后,选择根骨骼,执行主菜单"骨架"→"关节标签设置"→"根据标签重命名关节"命令,就可以根据所设置的标签名称为骨骼进行快速命名。

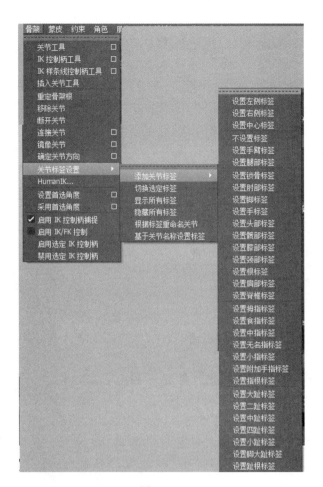

图 11-4

3. 隐藏骨骼标签

当完成对骨骼命名的操作后,选择根骨骼,在动画模块下的主菜单中,执行"骨架"→"关节标签设置"→"隐藏所有标签"命令,即可关闭骨骼标签的显示。

我们不仅要对目标骨骼模型进行上述操作,还要对源骨骼模型进行上述操作。对于多余的骨骼,如多余的脊椎骨或手臂双骨骼可以命名它们两端的骨骼,中间的骨骼不命名。在映射过程中计算机会根据其两端骨骼的命名来自动对应。

11.2.2 角色映射传递的制作过程

角色映射传递是在同一个场景中完成的,但是,要使用非线编辑器。因此,要对源骨骼模型和目标骨骼模型分别创建角色集。

1. 角色映射操作

对于不同命名的角色组之间是不能传递动作片段的,因此,要对两个角色组进行角色映射。

角色映射的步骤如下。

(1) 选择源骨骼模型的层级,执行主菜单"角色"→"创建角色集"命令,为源骨骼模型创建角色集。

(2)选择目标骨骼模型的层级,执行主菜单"角色"→"创建角色集"命令,为目标骨骼模型创建角色集。

(3)在非线编辑器中执行"文件"→"角色映射器"命令,打开角色映射面板。

(4)在大纲视图中,选择源骨骼模型角色集,在角色映射器中单击"加载源"按钮。

(5)在大纲视图中,选择目标骨骼模型角色集,在角色映射器中单击"加载目标"按钮。

(6)在角色映射器中执行"编辑"→"根据节点名称映射"命令,完成两套骨骼按照骨骼名称进行映射操作。

如果目标骨骼模型中有与源骨骼模型不对应的骨骼,可以选择这些骨骼,再创建子角色集,在角色映射器中与源骨骼模型进行手工映射,详见视频教学演示。

2. 动作传递操作

由于两个角色组做了映射处理,因此,在非线编辑器中就可以将源角色集的动作片段粘贴到目标角色集上,从而达到动作流传递的目的。

动作传递的步骤如下。

(1)在非线编辑器中,选择源角色集创建动作片段。

(2)选择源角色集的动作片段,右击并在弹出的快捷菜单中,执行"复制"命令,复制动作片段。

(3)打开非线编辑器,选择目标角色集,在目标角色集轨道上右击执行"粘贴"命令。这样,源角色集的动作片段就粘贴到了目标角色集上,目标角色集就有了动画。

角色映射传递主要是应用于人形骨骼模型之间的动作传递。当两个人形骨骼模型的骨骼数量不相同时,可以对骨骼模型添加标签,通过骨骼标签对骨骼命名,就可以修正骨骼模型间的差异。计算机能够找到它们相互对应的关系,这样就为骨骼之间的数据传递创造了条件,在传递过程中就可以将数据传递到对应的骨骼上。

角色映射传递不仅可以进行角色之间整体动作的传递,也可以进行局部骨骼之间的局部动作传递,即进行子角色集之间的动作传递。操作过程是:选择部分目标骨骼创建子角色集,并且作为目标加载到角色映射器中。在角色映射器中要手工指定与源角色集中的骨骼对应关系,在源角色集中创建子角色集,并将子角色集的动作片段粘贴到目标子角色集上。但这种操作方法比较麻烦,在动画制作实践中很少使用。

11.3　骨骼约束传递动作

利用角色映射传递动作解决了动作传递中骨骼数量不一致的问题,但是,这种方法局限在人物角色骨骼模型的范围内。也就是说,两套骨骼模型虽然数量不一致,但骨骼的结构是一致的。而当两个角色的骨骼结构不一致时,就不能利用骨骼标签来传递动作了。但是,可以利用骨骼约束传递动作来解决这个问题。通常,在角色映射传递中也会出现一些问题,特别是当骨骼数量相差很大时,传递就会发生局部错误。这些局部错误也可以利用骨骼约束的方法来修改。

骨骼约束传递不需要更多的条件,无论骨骼的数量是否一致、骨骼的结构是否一样,更不需要对骨骼进行对应的命名,只要约束方式正确就可以完成动作传递。

11.3.1 骨骼约束传递的特点

查看一下骨骼的关键帧动画就可以知道,无论多么复杂的骨骼关键帧动画都是在每个骨骼的旋转属性上有关键帧,而其他属性上是没有关键帧的。当然,根骨骼除外。那么,我们将源骨骼模型与目标骨骼模型中的对应骨骼一一进行方向约束,骨骼动画就可以进行传递了。当然,这还不是最终结果,要形成关键帧动画,我们就将目标骨骼模型再进行关键帧烘焙。其实角色映射传递就是这样一个过程,只是这个过程由计算机来自动完成了。如果有了这样的认识,就从逻辑上真正理解了骨骼约束传递的制作。

骨骼约束传递不但可以传递全身动作,也可以传递局部动作。不但可以传递一个源骨骼模型的动作,还可以将多个源骨骼模型的动作进行组合,如图 11-1 所示。比如在行走运动中,人的腿部动作与马的前腿动作相同,鸟的腿部动作与马的后腿动作相同。这样,就可以将人的腿部动作传递到马的前腿上,将鸟的腿部动作传递到马的后腿上,来完成一个马行走的动画。

11.3.2 骨骼约束传递的制作过程

骨骼约束传递的关键在于源骨骼与目标骨骼的对应约束操作上。然而,在进行骨骼对应约束操作之前,要整理源骨骼模型上的关键帧。选择源骨骼的根骨,执行主菜单中"编辑"→"选择层次"命令,再执行主菜单中"编辑"→"按类型删除"→"静态通道"命令,将源骨骼模型上无用的关键帧进行清除。

1. 骨骼对应约束操作

(1)选择源骨骼的根骨,执行主菜单"蒙皮"→"转到绑定姿势"命令,使源骨骼模型回到T形位。

(2)选择目标骨骼的根骨,执行主菜单"蒙皮"→"转到绑定姿势"命令,使目标骨骼模型回到T形位。

(3)选择源骨骼模型上的骨骼,加选目标骨骼模型上对应的骨骼,执行动画模块下菜单中"约束"→"方向"命令,使目标骨骼被源骨骼在方向上约束。注意要在约束命令设置中勾选"保持偏移"一项。依次对骨骼模型上根骨骼以外的所有骨骼进行上述操作。

上述操作完成了根骨骼以外的所有骨骼之间的动作传递,如果播放动画,可以看到目标骨骼模型上产生了与源骨骼模型相同的动作。但是,目标骨骼模型是做原地动作,没有任何运动。

2. 根骨骼的约束

(1)创建一个曲线圆环作为源骨骼模型的控制器,并将控制器捕捉到源骨骼模型的根骨骼上。选择源骨骼模型的根骨骼,加选控制器,执行动画模块下菜单中"约束"→"父对象"命令。

(2)创建一个曲线圆环作为目标骨骼模型的控制器,并将控制器捕捉到目标骨骼模型的根骨骼上。选择控制器,加选目标骨骼模型的根骨骼,执行动画模块下菜单中的"约束"→"父对象"命令。

(3)选择目标骨骼模型控制器,对齐到源骨骼模型控制器上。

(4)选择源骨骼模型控制器,加选目标骨骼模型控制器,执行动画模块下菜单中"约束"→

"父对象"命令。

上述操作完成了根骨骼之间的动作传递,如果播放动画,可以看到目标骨骼模型与源骨骼模型产生了相同的运动动作。

3. 目标骨骼模型的烘焙

(1) 选择目标骨骼模型的根骨骼,执行主菜单中"编辑"→"选择层次"命令,再执行主菜单中"编辑"→"关键帧"→"烘焙模拟"命令,将目标骨骼模型烘焙成关键帧动画。

(2) 选择目标骨骼模型控制器,按 Delete 键将其删除。

经过上述烘焙操作,才最后完成了动作传递制作。骨骼约束传递是动作传递最基本的制作,如果在角色映射传递中发生了局部错误也可以利用骨骼约束来对其修正。具体操作步骤详见视频教程。

骨骼约束传递不仅可以针对骨骼模型的整体动作来进行传递,还可以针对局部动作做传递。操作方法和上面所讲的一样,这里就不再赘述了。

11.4　骨骼动画的修改

烘焙后的骨骼上带有动画,但是没有了控制器。如果在编辑动画的过程中发现了问题,骨骼只能进行 FK 的修改,而不能进行 IK 的修改。如果对骨骼的错误动作进行关键帧修正,那是非常麻烦的并且效果也不佳。因此,在去掉控制器之前要认真检查,及时纠正错误动作。

烘焙后的骨骼动画上如果有错误动作,通常使用动画层工具是非常难以修正的。但是,骨骼动画仍然可以创建角色集进入非线编辑器。在非线编辑器中,各种修改方法仍然适用于对骨骼模型的操作。

11.4.1　利用姿势位来修改

如果骨骼模型上有控制器,使用动画层工具来修改会十分方便。但骨骼上去除了控制器后,就只好进入非线编辑器来修正了。在前面学习了对骨骼模型创建角色集的方法,那么,进入非线编辑器后就可以创建动画片段了。

当发现烘焙后的骨骼上局部动作有问题时,可以将动作片段中出现局部动作错误的部分剪掉,并且在动作片段的空档处创建姿势位片段。然后将姿势位片段连接、插入到动作片段中来。

利用姿势位插入法来修改骨骼模型上的错误动作,要注意在剪掉错误动作片段之前,选择动作片段执行一次合并片段命令。这样可以固定关键帧的位置,在插入姿势位片段后不会对动作片段产生影响。

对这个姿势位片段进行修改,创建片段之间的混合连接后,合并片段。通过这样的方法使局部动作错误得到修正。详见视频教学演示。

11.4.2　动作属性修改

当编辑骨骼动画时,如果发生了穿插现象,采用姿势位插入法来修改就非常麻烦了。一般遇到这种情况时,往往采用动作属性修改法来修正。我们知道,当骨骼模型上没有了 IK

控制器就只能做骨骼的 FK 调整了,骨骼的 FK 调整就是骨骼的旋转属性。

首先,选择骨骼模型的根骨,执行主菜单"蒙皮"→"转到绑定姿势"命令,使骨骼模型回到 T 形位,并且创建一个姿势位片段。在姿势位片段上选择要修改动作的骨骼按 Shift+E 组合键 K 两个关键帧。选择角色集对这两个关键帧创建动作片段,并且将这种动作片段放在要修改动作片段的下面,拉伸对齐。打开曲线图编辑器选择这种动作片段的旋转属性,调整它的运动曲线即可修正动作穿插现象。合并所有的动作片段最后完成对角色集的修正。详见视频教学演示。

11.4.3　动作对位

经过动作传递后的骨骼模型就带有了动画,对骨骼模型创建角色集,就可以进入非线编辑器后对其上的动画进一步编辑。在编辑的过程中,有些动作片段之间可能会产生错位现象,这是由于根骨骼的初始坐标不一致所引起的。遇到这个问题修改的方法是:选择根骨骼按 Shift+W 组合键并且按 Shift+E 组合键 K 两个关键帧,选择角色集对这两个关键帧创建动作片段。将这个动作片段加载到产生错位的动作片段下面,并且拉伸这个动作片段与错位的动作片段对齐。打开这个动作片段的属性编辑器,调整它的通道偏移即可修正角色集的位置或方向。合并所有的动作片段最后完成对角色集的修正。详见视频教学演示。

11.4.4　关于重新安装控制器

骨骼上如果没有了 IK 控制器就只能做 FK 操作了。骨骼的 FK 控制就是骨骼的旋转操作,动作造型非常麻烦。能否将控制器重新安装到骨骼模型上去呢? 在角色动画教学中经常有人提出这个问题。回答当然是肯定的。但是,要求我们要对控制器绑定制作的概念非常熟悉,并且对烘焙操作非常清楚。

通常在骨骼关键帧情况下,出现的都是局部动作的小问题,但是解决起来并不轻松。如果能够重新安装控制器,修改起来会十分方便。有了控制器,还能制作动作片段以外的动作。因此,有必要讲一下重新安装控制器的问题。

在骨骼关键帧动画下重新安装控制器,应用的是反向约束,即控制器先被骨骼约束。首先,选择骨骼模型的根骨骼,执行动画模块下菜单"蒙皮"→"转到绑定姿势"命令,使骨骼动画在第 0 帧之前回到绑定姿势位。以腿部 IK 控制器为例,操作步骤如下。

(1) 创建脚部控制器,将控制器轴心点对齐到踝关节骨骼上。选择踝关节骨骼,加选脚部控制器,执行动画模块下菜单"约束"→"父对象"命令,使控制器被踝关节骨骼约束。

(2) 创建腿部 IK。选择控制器,加选 IK 手柄,执行动画模块下菜单"约束"→"点"命令,使 IK 手柄被约束到控制器上。

(3) 选择脚部控制器,执行主菜单"编辑"→"关键帧"→"烘焙模拟"命令,将骨骼动画烘焙到脚部控制器上。

(4) 创建膝盖部极向量控制器。选择极向量控制器,加选 IK 手柄,执行动画模块下菜单"约束"→"极向量"命令。

(5) 播放动画,调整极向量控制器,使脚部与脚部控制器对齐,并且对极向量控制器 K 帧。

(6) 创建脚部反转角。选择脚部骨骼,加选脚部反转角,执行动画模块下菜单"约束"→

"方向"命令。

（7）选择脚部反转角，执行主菜单"编辑"→"关键帧"→"烘焙模拟"命令，将脚部骨骼动画烘焙到脚部反转角上。

上述操作详见视频教学演示。脚部的反转角控制器属于添加属性的动画，在完成上述操作之后，要在非线编辑器中对骨骼动画创建动作片段。在动作片段以外的时间段上对脚部控制器添加属性，并且用驱动关键帧连接到反转角控制器上。这一步的操作与控制器绑定一样，因此不再赘述了。注意在动作片段上不能对脚部控制器 K 帧操作，在动作片段之外才能够对脚部控制器进行 K 帧操作。

11.4.5　角色集群动画制作

角色集群动画就是指大量的带有动作的角色群体所形成的动画效果。这种集群动画在 Maya 中一般有两种制作方法：一种是粒子替换制作法，另一种是动作传递制作法。这里介绍的是动作传递制作法，它也是动作传递的一种形式。

选择骨骼模型角色集，在非线编辑器中创建其动作片段。在大纲视图中选择模型组，在主菜单中执行"文件"→"导出当前选择"命令，起名保存到文件夹中。再在主菜单中执行"文件"→"导入"命令，将保存的文件再次导入到场景中。调整导入的角色集位置并创建姿势位片段，这时场景中有了两个角色集。再选择这两个模型组导出，再导入，反复多次就可以制作集群动画。调整角色集动作片段位置，使这种集群动画的动作有一定的交错。

对于烘焙之前带有控制器的骨骼模型，也可以采用这种制作方法来制作集群动画。但是，由于模型复杂，操作上容易出现错误。因此，还是烘焙后更便于制作。

第 12章　镜头输出与动画资源化管理

在前面的章节中已经学习了关于角色动画的制作方法与技巧。完成角色动画制作的最后一步是镜头输出。前面的制作都是以制作单元为单位,严格地讲,那都不是分镜头而是制作单元。这样做的目的一方面是保证动作制作的连续性、流畅性,另一方面是为了提高动画的制作效率。这样制作也保证了计算机设备对动画制作的适应性。而镜头输出是真正以镜头为单位来进行动画表现了。以镜头为单位来表现情节是电影艺术的特殊表现方法,如前所述,这样的方法使得表现重点更加突出,并赋予新的含义。在三维动画中之所以能够这样制作,其主要原因就是三维动画制作软件中配备有虚拟摄影机。在情节不变的情况下,镜头可以随时灵活调动,其输出可以有多种的具体方案。方案的确定主要由导演来决定,但是具体的实施还要靠动画师的操作来完成。因此,镜头的输出仍然是动画师所要掌握的一个非常重要的环节。动画片镜头输出后,仍需要对镜头画面进行一些调整。这种调整主要是针对一个镜头内的动作节奏进行调整,这也是动画艺术的一个表现特色。目前,许多实拍电视剧也借鉴这种手法来进行镜头制作。

作为一个合格的动画师,不仅要完成动作设计与制作,还要熟悉整个动画的制作流程。动画师从事的是动态制作,是动画中最重要的部分。所有的动画准备素材最后都要集中在动画师的手里,因此,动画师在整个制作流程中担任着制作核心的角色。这就要求动画师能够对整个制作流程进行掌控,对各种准备素材能够认定它们的质量并协调制作进度。

最后,还要学习有关动画资源化管理的知识。动画资源化的管理对于动画师来说,就是各种动作资源库的构建与调用。通过创建动作资源库,我们可以将平时的练习作业作为动画资源保存起来。随着资源的不断增加,在制作动画时不但可以引用,并且可以不断充实。很多人认为三维动画的制作相比二维动画效率要低得多,其实,那是因为没有动作资源库的支持。如果我们在这方面能够有足够的准备,一个人来完成三维动画小品完全是可行的。

学习目标

（1）熟练掌握各种运动镜头的输出制作。
（2）熟练掌握镜头的输出格式。

重难点

（1）本章重点是全面理解资源库的基本概念。
（2）本章难点是掌握动画制作流程中的文件架构。

训练要求

（1）熟练掌握多镜头的输出切换。

（2）熟练地建立各种动画资源库。

12.1 镜 头 输 出

完成了上述角色动画的制作，目前还不能叫动画影片。因为离开了 Maya 软件平台这些动画是播放不出来的，因此需要输出。以什么方式输出呢？制作动画电影就要以镜头的方式输出。前面学习了电影的结构，我们的动画制作是以情节片段为制作单元，这里就是由片段转成镜头表现的一步了。三维动画可以对真实摄影机进行全方位的模拟，因此，在情节片段中分解出镜头是非常方便的。三维计算机动画中的摄影机既是虚拟的，又是仿真的。它既可以像真实摄影机那样自由地进行空间运动，能够表现平面动画所不能表现的效果，镜头的振动、急甩、晃动、变焦等特殊运动形式都可以模拟，甚至可以穿墙而过不受任何阻挡。就是实景拍摄中的空中摄影、水下摄影、火中拍摄等高难度镜头都可以在三维计算机动画中轻而易举地实现。

12.1.1 镜头关系

在前面的章节中学习过，三维动画是以情节片段或动作段为制作单元来进行制作的。而在输出阶段，要转入到镜头的视野下进行具体的取景与构图方案设计。

在主菜单中执行"创建"→"摄影机"→"摄影机和目标"命令，可以创建带目标点的摄影机，如图 12-1 所示。选择创建的摄影机，执行视图上"面板"→"沿选定对象观看"命令，如图 12-2 所示，视图将切换为摄影机视图，我们所看到的场景为摄影机中的场景。

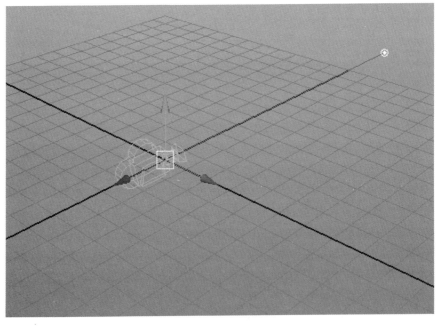

图　12-1

我们可以正常地对场景进行各种操作,在三维软件中镜头输出之前对镜头画面进行观察,这个过程叫预视。导演在预视过程中提出对镜头修改的具体要求,再由动画师调整、完善。动画师在导演的指挥下对镜头进行 K 帧,完成对镜头画面的设定。在同一个场景中,还可以创建多台摄影机。多台摄影机在各机位、各角度上进行转换拍摄,可以表现出观看视角转换的效果。多台摄影机镜头之间的切换制作也叫剪辑。一般剪辑制作是在后期合成软件中完成的,而剪辑方案都是由导演在镜头输出之前确定的。

图   12-2

在 Maya 中镜头的输出是一种动态视频的输出,它不同于静态的图片输出。动态视频的输出要经过设置和输出两个步骤。

12.1.2 动态输出设置

镜头的输出是一种动态的渲染输出,与一般静态的渲染输出不同。静态渲染输出的操作是在工具栏上单击![图标]图标,在视图渲染器中执行"文件"→"保存图像"命令。前面所讲的表情位和口型位片段缩略图的制作,就是静态的渲染输出。动态的渲染输出首先要在渲染设置面板中对动态输出进行设置。

单击工具栏上的![图标]图标,就可以打开"渲染设置"面板,如图 12-3 所示。在这里可以设置镜头的输出格式、图像大小、帧频率、指定摄影机等渲染参数。动画镜头的输出格式一般为序列帧图片,这主要是为了适应于后期合成软件的制作要求,也为进一步调整运动节奏创造条件。

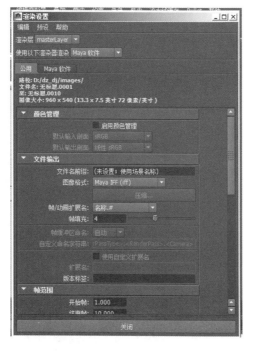

图   12-3

为了确保输出渲染设置的正确性,在渲染设置之前要执行主菜单中"文件"→"设置项目"命令,对场景文件进行项目设置。在项目设置中,要正确指定项目文件夹,并查看屏幕上方的文件引导路径是否正确。

12.1.3　动态输出操作

在"渲染设置"面板中完成镜头输出设置之后,就可以进行渲染输出操作了。执行渲染模块下的主菜单"渲染"→"批渲染"命令,就可以对镜头进行动态输出。单击"渲染"→"批渲染"命令之后,Maya 软件就开始动态渲染输出了。单击屏幕右下角的 ▣ 图标,可以打开脚本编辑器,在其中可以看到渲染的进程。

Maya 软件的动态渲染是一种后台渲染,动态渲染的过程是不可见的,因此,不需要配置专业的显卡。如果在动态渲染之前,执行了主菜单中"文件"→"设置项目"命令,对场景文件进行了设置,渲染的结果就会自动保存在项目文件夹的 images 文件夹中。

观察脚本编辑器,当渲染完成后,可以回到桌面。单击"开始"→"所有程序"按钮,在其中找到 Maya 程序自带的 FCheck 播放器,如图 12-4 所示。播放渲染文件,就可以看到渲染的动态效果。

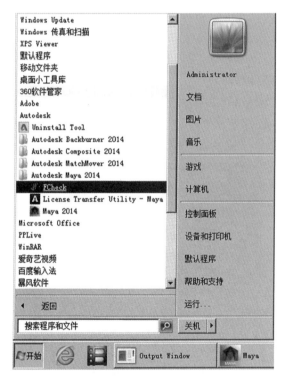

图　12-4

12.2　动　作　节　奏

动作节奏问题在前面已经讨论过了,但那是在动作片段上对动作节奏的制作,而这里所要讲的是镜头内的动作节奏设计与制作。两者密切相关但又有所不同,从制作上讲,两者是互为补充的制作手段。前者是对动作的时间点进行调整,而后者是针对镜头的表现力对前者进一步精细调整。镜头以序列帧图片格式输出就为镜头内的动作节奏设计与制作创造了条件,可以通过对序列帧图片的减帧与加帧操作,来获得镜头中的节奏变化。

12.2.1 动作节奏设计

在第 7 章中已经学习了动作节奏。对动作节奏的制作也有了一定的认识。我们可以利用曲线图编辑器对肢体运动曲线某些属性的关键帧切线形态的调整来制作一段动作的节奏变化。但是,这种制作方法是对运动镜头而采用的,如果对固定镜头也采用这种制作方法就会大大提高制作成本。特别是对近景镜头、特写镜头中的微妙动作变化以及动作强调依靠调整动作曲线来制作,在视觉上不会产生明显的节奏效果。因此,采用下述方法就能很有效地解决这个问题。

动画是一种假定性艺术,因此动画片中的角色动作不是对真实动作的模仿,而是要有动画所独特的动作效果。特别是对待发力的动作、突发性的动作还要通过减帧与加帧来加强其表现力。

12.2.2 动作节奏调整

在动画原理课的学习中,我们应该知道二维手绘动画有一拍一、一拍二、一拍三这三种拍摄方式。通过这三种方式的混拍可以形成镜头中不同的视觉节奏和停格效果。这种方法也可以用于三维动画的制作中,当我们对镜头内的动作节奏进行修改时,可以采用加帧或减帧的方法来调整。但是,这种方法一般只能用于固定镜头中,而不能用在运动镜头中。也就是说,后期的动作节奏调整是有条件的,只能对一个镜头内的动作做节奏调整,而不是对整个动作流进行调整。因此要注意在镜头转换点上动作的衔接。

渲染后图片会按顺序自动编号排列,动画的播放也是以每秒钟 24 帧的速度按编号顺序播放。因此,图片的编号顺序很重要。减帧与加帧的操作要在保持原有编号次序的基础上,进行重新编号。

(1) **加帧**:选择要加帧的图片复制后插在原图片后面,并且重新对镜头图片序列编号。

(2) **减帧**:选择要减掉的图片将其删除,并且重新对镜头图片序列编号。

美国动画片《冰雪奇缘》中的一些镜头,有些运动节奏调整是在后期制作中完成的。对镜头输出中的序列帧图片进行减帧或者加帧来进一步调整运动节奏。这也是我们在镜头输出时为什么要输出图片序列格式的意义所在。

12.3 角色动画制作流程总结

所谓制作流程就是一种适合于大型项目制作、规模制作、大型团队配合,并且能够提高制作效率的生产组织方式。在大型团队合作、计算机组网的工作环境下,如果文件正确打包,按一定规律对子项目起名、传递路径固定、数据保存正确,替换修改就十分方便。只要在前端项目文件夹中进行修改,则后位文件中就会自动随之变化。因此,在三维动画中期制作过程中,类似的替换技术的使用越来越普遍,为三维动画的制作提供了极大的方便。

由于计算机智能化技术的进步,制作效率的提高不再仅依靠专业分工的细化,而更主要的是工序之间的交叉作业能够更加有效地加快制作速度。这种工序之间的自由交叉作业是手绘动画中所不能及的,也是三维计算机动画所独有的。因此,我们在学习三维动画制作的同时,对其制作流程要有深刻的了解。有了这样的认识,我们才能灵活地运用三维计算机制作软件的技术性能,充分发挥计算机三维制作软件的技术优势,充分挖掘三维计算机制作软件的潜力。当我们进入到这样的境界,才能说真正理解、掌握了三维计算机制作软件的精髓。

12.3.1 总体制作架构

动画制作是一个系统工程,并且是团队分工作业。前面学习的角色动画制作流程仅是三维动画制作流程中的一个分支,然而,进入到整个制作流程中,角色动画师承担了整个流程的组织、协调和管理工作。

非线性制作的关键节点是对合成文件的掌控。在合成文件夹中进行各种合成、替换等操作,因此,掌控合成文件的必须是具备动态制作能力的人,一般由动画师来担任,而建模师、材质师是不能胜任的。在制作大型项目时,计算机要利用局域网来组网,形成制作网络。数据结构分三级管理,各文件夹保存位置最好都统一对应在 C 盘上。

1. 合成文件夹创建(一级)

合成文件夹是所有分支文件的集中。角色动画师作为一级项目管理者需要对整个项目进行掌控。首先,由动画师在中心计算机上创建合成文件夹,其中包括各分支文件夹的创建。动画师在动画制作中是从事动态制作,而其他素材的制作只是动画的配合要件。能否适合于动态制作,要通过动态的测试才能检查出来。

角色动画师的工作就是在动态制作中对所有素材进行筛选。对于不能适合于动态制作或者有错误的素材,要退回到分支文件夹中重新按要求制作。

2. 分支文件夹创建(二级)

分支文件夹与合成文件夹呈树枝状连接。分支文件夹按照专业分工来建立,由各专业组长对二级项目进行管理,并且对各子文件夹进行掌控。由各专业组长创建子文件夹,并且分支文件夹与其子文件夹呈树枝状连接。

当合成文件夹在中心计算机上设置好之后,各专业组长将分支文件夹复制到自己的计算机上。但是要注意,子文件夹存放的路径一定要与合成文件夹的存放路径一致。比如,合成文件夹存放在中心计算机的桌面上,那么,分支文件夹也一定要存放在联网计算机的桌面上。

各专业组长是二级项目管理者,负责完成各子文件的整合,重新组织分支文件的工作。

3. 各种子文件夹扩展(三级)

各专业的制作人员是三级管理者,在专业组长的指挥下,进行动画之前的准备制作。子文件夹不与分支文件夹连接,只进行独立制作。当有新的制作者加入到制作团队中来时,应按照专业分工,创建子文件进行独立制作。

各专业制作完成后,由专业组长检查并将合格的场景文件复制到分支文件夹中。专业组长根据子文件的完成情况重新组织分支文件,对应于合成文件夹为场景文件命名并修改文件的路径,以保证数据能够正常传递。

12.3.2　数据传递操作

在手绘动画中虽然可以将镜头作为制作单元,并且可以多个镜头同时制作。但这种分工制作仍然要受到工艺路线的制约,制作流程是有严格工序要求的。比如在角色设定、道具设定、场景设定没有结束之前,是不能进行原画制作的,更无法进行中间画动态连接。然而,在三维动画的制作中情况就完全不一样了,这完全得益于三维软件中的替换技术。三维制作软件有非常强大的替换功能,并且使用起来非常灵活。这些替换技术使得三维计算机动画在制作中可以打乱传统的工序排序,进行更自由的交叉作业。甚至在角色建模还没有完成的情况下,就可以进行动作的制作。比如在没有确定角色模型的情况下,可以利用简单模型先制作骨骼动画。当完成角色建模后,可以轻松地将简模替换下来。这种替换技术的运用可以使后位制作工序不受前位工序的制约而进入超前制作,这样就使得动画制作大大提速了。

要保证计算机自动完成替换工作,首先要设置好动画项目的文件架构,其次,要求各子项目制作人员要严格按照规程来操作。

1. 文件之间的数据传递架构

合成文件夹由角色动画师掌控,因此,项目文件的分解与命名由动画师来统筹。角色动画师首先创建合成文件夹,再创建分支文件夹。在分支文件夹的场景文件中放置初级素材文件,并且在合成文件的场景中,执行主菜单中"文件"→"创建引用"命令,这样,合成文件就对分支文件中的初级素材进行了引用,这种引用命令在合成文件与分支文件中形成了数据传递架构。无论在分支文件中对初级素材如何进行处理,只要名称不变,在合成文件中就会自动更新。

在这样的数据传递架构之中,角色动画师就可以使用简模来开始制作动画,而不必等待建模师提供模型,更不必等材质师提供材质,只需要在场景文件中引用模型师文件夹中的简模,当建模师将模型制作好之后,动画师的项目中就会得到自动更新。因此,动画师就可以开始制作动画了。

引用的素材在场景中是不能被删除的,不能对它重新命名,有些修改操作也是不能进行的。如果要对它进行操作,就要将它转为正常的文件。执行主菜单中"文件"→"引用编辑器"命令,可以打开引用编辑器,如图 12-5 所示。在其中可以看到引用的文件名称,如果去掉引用文件名称前面的勾,在场景中就删除了引用文件。如果要引用文件转为正常的文件,则鼠标在引用文件名称上右击执行"文件"→"从引用导入对象"命令,如图 12-6 所示,场景中的引用文件就可以转为正常的文件,这样就可以对它进行各种操作了。

每个分支文件夹与子文件夹也可以使用引用命令进行数据连接,这样,各种数据就会通过联网自动传递到各个文件的节点上,形成多人之间的配合制作。

2. 子文件的分离(分包)

当子文件中的制作项目需要离开数据传递系统,进行独立制作时,这就是一个子文件的分离操作。当需要分包时,单击主菜单"文件"→"项目窗口"命令,打开对话面板,在其中设置新的项目名称和文件夹位置。同时,要注意文件的引导路径是否正确,如果引导路径不正确,可以单击主菜单"文件"→"项目设置"命令,重新指定项目路径。

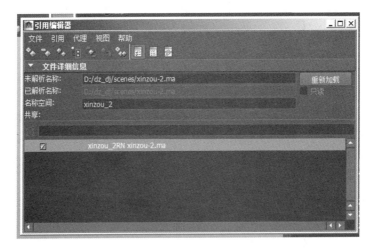

图　12-5

图　12-6

当子文件中的制作项目进行了分包之后,就脱离开系统数据传递架构,可以独立制作了。这种制作方式在团队制作中经常采用,它的好处是在制作过程中不对合成文件夹产生影响。

3. 子文件的合并(合包)

当独立的子文件中的场景文件需要并入分支文件中时,这就是一个子文件的合并操作。当需要合包时,执行主菜单"文件"→"场景另存为"命令,找到对应的分支文件夹,保存在其中的场景文件夹中即可。

子文件的合并可以使独立的子文件重新回到系统数据传递架构中,数据会自动更新。如果我们熟练地掌握了子文件的分包与合包操作,那么,各种素材的调入和数据的更新就非常自如了。

12.3.3　文件的修改与替换

　　动画文件的修改是在子文件中进行的。在子文件分包的情况下,动画文件可以进行各种修改操作。当修改完成后,子文件合包计算机就会自动进行替换。替换技术可以针对各种制作项目,诸如道具替换、场景替换、材质替换、毛发替换、服装替换等。也可以将替换作为一种特效动画来表现,丰富和扩展了动画艺术的表现手段。目前,替换制作技术已深入到各个制作环节,特别是分通道渲染技术的出现,使得替换技术进一步扩展到后期合成软件,其替换功能更加强大,替换方法也更加灵活。

　　这种替换技术的运用使得各种动画素材可以进行大的修改,而互相之间不产生影响。

1. 子文件的修改

　　子文件的修改要在子文件夹中进行,并且在修改的过程中要保持原来的命名。如果有大的修改,可以将子文件分包独立出去。在独立的子文件夹中,甚至重新制作都是可以的,但要注意制作时的引导路径一定要正确。

2. 子文件的替换

　　在正确的数据传递架构下,子文件的替换是在分支文件夹中自动进行的。只要在子文件的修改中保持原来素材的命名就可以自动完成替换。如果有新的素材加入进来,要由专业组长在分支文件夹中来完成组合,并且重新命名,以确保数据传递的正确性。

12.4　三维角色动画资源化管理

　　三维计算机动画有上述制作特点,就为各种计算机动画素材进行资源化管理创造了条件。因此,一个好的动画师要建立起自己的模型库、材质库、特效库、动作数据库、脚本库等素材资源。这些素材不仅是平时练习成果的积累,而且可以作为资源文件储存。一旦有所需要,经过一些修改、整理、组合就可以成为新的样式,并且变化无穷。对于提高动画制作效率,这无疑又是一个飞跃。

　　如果我们会建立各种素材库,就可以将平时的制作练习积累起来,作为动画库的资源。我们还可以在网上下载动画资源(国外网站上比较多),来扩充动画库的资源量。这样会大大加快动画片的制作速度,提高动画的制作质量。大型的综合制作项目主要看是否有强大的资源库的支持,如果有资源库就可以从中筛选、修改,并直接应用。

　　这里主要学习与角色动画制作有关的资源库。动画资源库要具有直观化预览、通用性、调用方便的特点。这样,筛选或修改就十分方便。我们建立动画素材库还要有针对性,因此,在素材库中还要进行细分、归类,这样调用起来就非常方便。

12.4.1　动作库创建与应用

　　为了能够直接看到动作形态,可将各种动作数据保存在骨骼模型上。为方便调用,使用的骨骼模型要相对标准,并且每个骨骼都起有相应的名字。讲到这里,可能有些读者要提问:什么是相对标准的骨骼模型呢?这个问题提得好。目前,制作三维动画的软件有 5 大 3D 制作软件——Maya、3ds Max、LightWave、Softimage 和 Cinema 4D。相对标准的骨骼模型就是在这 5 大 3D 制作软件之中能够自由转换的骨骼模型。通常,一个优秀的动作制作者要掌握其中两种以上才行。

将这些带有动作数据的骨骼模型分类集中保存就形成了动作库。通常,动作库文件都是保存在动画师自己的移动硬盘上,为在动画制作过程中调用方便,可以将动作库连接到Visor编辑器上,连接的方法可参看第6章中有关内容。动作库连接到Visor编辑器上,在调用时就可以用鼠标中键直接拖曳到场景文件中。

应用动作库文件也是动画制作中很重要的一个环节。在文件夹的设置以及动作文件的调用过程中,要注意动作连接的三个条件。只有严格按照规程来操作,才能顺利完成动作的制作。

1. 全身动作库的建立

动作库要直观,并且调用起来要十分方便。因此,全身动作库就是一系列包含动作的骨骼模型,而不是动作片段。这个骨骼模型是基本标准化的。首先,它的骨骼结构要符合人体骨骼结构。其次,它的骨骼的命名已经按照人体骨骼的命名来设置。骨骼模型上没有控制器,动作数据是以关键帧动画的形式烘焙到了骨骼上。这样,作为源骨骼模型,在动作传递时就减少了许多麻烦。

动作库还要按照不同的动作类型分类保存,以便调用起来方便。为了与蒙皮适配起来方便,通常在动作之前人体骨骼模型有一个T型姿势位。

也有人将角色的上下半身动作分别作成动作库。这是个人习惯问题,主要看应用起来是否方便。如果对分解制作法掌握非常熟练,在应用中,全身动作也可以很方便地分解为上下身动作。

2. 全身动作库的调用

动作库的调用实质上就是一个动作传递的过程,即将动作库骨骼作为源骨骼将动作数据传递到目标骨骼上。如果对动作连接或动作传递的操作非常熟练,就可以顺利地进行动作库的调用。

当需要调用某个动作资源时,可以利用前面学习过的知识,对动作库中的素材进行调用。应用动作传递的方法,将多个动作片段直接传递到目标骨骼模型上即可,应用非线编辑器再对各动作片段进行动作连接制作,形成完整的动作流。

3. 手部动作库的创建

一般在全身动作骨骼模型上是没有手部动作的,通常,手部动作库是与身体其他部分分开的。手部的姿势与动作是第二表情,这一点在动画的表演中尤为突出。因此,手部动作库的动作素材要做得非常丰富。

手部骨骼模型一般是很标准的,手部骨骼模型的创建基本都是一样的。手部动作库主要是制作手指的局部动作。我们可以在手部骨骼模型上制作出一系列的手部姿势位片段,如抓、拿、指、弹等姿势位片段,也可以制作出一系列的手部动作片段,将这些资源分类保存在手部动作库中。

对于舞蹈动作的制作,通常脚部的动作比较细腻并且复杂,因此,可以将脚部分解出来,成为一个独立的动作库。

4. 手部动作库的调用

通常,手部动作是作为一个独立的角色集来调用的。由于全身骨骼模型上一般没有手部骨骼,这样就有一个二次对位连接的问题。因此,在手部动作库中骨骼上是没有控制器的,但是在完成对位连接后需要添加手环控制器。

　　手部动作与全身动作的配合是两个角色集在非线编辑器中互相对位来制作的。在场景中,手部骨骼与全身骨骼是两个角色集,在制作中分别调用各自的动作片段。在非线编辑器中相互对位,作出手部动作与全身动作的配合。这部分制作请参看视频教学中有关分解制作的内容。

12.4.2　表情库创建与应用

　　表情与动作的配合是角色动画制作中的难点,由于制作难度大,一般面部表情库是独立创建的。这也符合与动作配合制作时的调用特点,详见第8章的视频演示教程。表情库的建立有它的特殊性,因为表情动画不仅具有脸部五官的变化,还与脸部模型的造型以及布线有关。表情库仅是一套静态的表情序列的脸部模型,而脸部模型的造型在动画中是不具有通用性的。因此,为了保证传递效果,脸部模型的布线要相对标准。

　　通过前面的学习,我们应该知道表情或口型动画包括两部分变形,一个是由静态造型序列转化来的混合变形,另一个是由二级控制器所控制的簇变形。由于脸部模型不具有通用性,因此,表情库与口型库只是传递了混合变形部分的序列造型,而不能传递二级控制动画。表情库与口型库只是一个半成品,在项目制作中,动画师还要自己动手来创建二级控制器,并进一步形成完整的表情库,有关知识点请参看第6章内容。当然,如果能够使用MEL语言来创建表情与口型的二级控制,那也是很方便的。但这部分知识属于《Maya动画高级编程制作教程》中的内容,这里就不再讲解了。

1. 表情库的建立

　　表情库的建立就是在一个基础脸部模型上,制作一套表情序列模型。那么,这套表情序列具体要做多少个呢?有人做过研究,按人的表情基本特征制作20个就足够了。完成表情序列制作后,将这些模型载入到融合变形器中,形成动态的变形过程,在硬盘上将文件保存起来,就是一个表情库。

　　为什么要使用混合变形器将这些表情序列加载到目标模型中,形成动态的变形过程?这是因为在传递过程中,我们要应用包裹变形器。包裹变形器只能进行动态数据的传递,而不能进行静态数据的传递。包裹变形器对于不发生动态变形的部分也不能传递变形,因此,表情库中的人头模型上通常没有耳朵。

2. 表情库的调用

　　表情库调用就是在项目模型上来创建一套表情序列,因此,导入表情库中的带有混合控制器的动态模型作为源模型,项目模型作为目标模型来进行变形传递。表情库中的人头模型与项目模型之间由于控制点数量不同,因此,只能应用包裹变形来进行形状传递。这种传递不是百分之百准确,因此,表情库的调用要经过传递和修改两个阶段。

　　通过前面的学习我们知道,表情的传递要应用包裹变形器。包裹变形器只能进行动态数据的传递,而不能进行静态数据的传递。因此,要将表情库的源模型与目标模型对好位置,并调整模型的大小。包裹变形的传递不要求两个模型之间有相同的控制点。因此,为了提高造型传递的精度,可以在传递之前将源模型细分平滑。选择目标模型,加选源模型,执行动画模块下菜单"创建变形器"→"包裹"命令,拖动混合变形器的滑块,观察目标模型的变形情况。当目标模型变形符合要求时,选择目标模型,执行复制命令后将其移开。选择复制的目标模型删除其历史,使其定型。重复上述操作,就可以在项目模型上得到一个表情造型序列。

表情库的调用是一种造型的传递,虽然表情库中的脸部模型通常是标准建模,但是与项目模型还是有一定差别的。由于这种差别的存在,传递的效果不会是没有瑕疵的。因此,在完成造型传递后,需要对表情造型序列加以修改。这个修改过程很简单,只需要修改模型上个别控制点就可以了。

12.4.3　口型库创建与应用

口型库的建立与表情库类似,也是由一系列口型造型序列模型组成。但是,为了保证在传递操作中不对项目模型造成破坏,静态的口型序列模型只需要作出嘴的局部造型就可以了。

口型库的调用也是一个造型传递的过程。与表情库的传递一样,也是应用包裹变形器来进行操作。

1. 口型库的建立

口型库的口型造型序列,是按照汉语声母的口型造型分别创建开口口型序列和闭口口型序列。应用混合变形器将两个口型序列同时加载到目标模型上,形成动态的变形过程。

2. 口型库的调用

口型库的调用也是应用包裹变形器来传递变形的,但这是一种局部的变形传递。口型可以作为脸部表情的一部分,也可以单独构成口型序列。传递的方法与表情传递的方法一样,在此不再赘述。

以上各种动画资源库创建后可以保存在 U 盘中,调用资源库时也可以将它们挂接在Visor 编辑器中。表情与口型的二级控制一般不包含在资源库中,要在蒙皮上手工创建。具体的制作过程请参看视频演示教程。